U0517900

何慧爽 ◎ 著

河南省水资源

HENANSHENG SHUIZIYUAN
YU SHEHUI JINGJI FAZHAN JIAOHU WENTI YANJIU

与社会经济发展交互问题研究

中国水利水电出版社
www.waterpub.com.cn

内 容 提 要

　　本书基于水资源经济学视角,以经济可持续发展理论、协调理论、二元水循环理论、水资源约束理论、水安全理论等相关理论作为理论基础,综合运用宏观、计量、数理统计、集对分析等方法,在分析河南省水资源禀赋现状与问题的基础上,对河南省水资源与社会经济交互问题进行了研究,主要包括河南省水资源承载力研究、河南省水资源与社会经济发展协调性测度研究、水资源约束下河南省产业结构优化研究、河南省用水结构与效率演变及其驱动因素分析、河南省水资源消耗配置关联度与生态位适宜度研究、河南省水污染物与社会经济发展交互问题研究、河南省水资源与社会经济发展交互问题下的对策探讨。

图书在版编目（ＣＩＰ）数据

　　河南省水资源与社会经济发展交互问题研究 / 何慧
爽著. -- 北京 : 中国水利水电出版社, 2015.6（2022.9重印）
　　ISBN 978-7-5170-3359-2

　　Ⅰ．①河… Ⅱ．①何… Ⅲ．①水资源－关系－社会经
济形态查－河南省 Ⅳ．①TV211.1

　　中国版本图书馆CIP数据核字(2015)第156005号

策划编辑:杨庆川　　责任编辑:陈　洁　　封面设计:崔　蕾

书　　名	河南省水资源与社会经济发展交互问题研究
作　　者	何慧爽　著
出版发行	中国水利水电出版社
	（北京市海淀区玉渊潭南路 1 号 D 座 100038）
	网址:www.waterpub.com.cn
	E-mail:mchannel@263.net（万水）
	sales@mwr.gov.cn
	电话:(010)68545888(营销中心)、82562819（万水）
	北京科水图书销售有限公司
经　　售	电话:(010)63202643、68545874
	全国各地新华书店和相关出版物销售网点
排　　版	北京厚诚则铭印刷科技有限公司
印　　刷	天津光之彩印刷有限公司
规　　格	170mm×240mm　16 开本　13.5 印张　175 千字
版　　次	2015年11月第1版　2022年9月第2次印刷
印　　数	2001-3001册
定　　价	42.00 元

凡购买我社图书,如有缺页、倒页、脱页的,本社发行部负责调换

版权所有·侵权必究

前　　言

我国水资源总量约占世界水资源总量的 6%,人口占世界总人口的 21%,人均水资源量为世界人均值的 30%,且时空分布不均,受资源型缺水危机困扰的人口占全国总人口的 1/3 以上。而河南省属于我国极度缺水的六大地区之一。2012 年,河南省水资源总量为我国水资源总量的 0.9%,人口总数为我国人口总数的 6.95%,人均水资源量仅是我国人均水资源量的 12.93%。因此,相对于全国平均水平而言,河南省水资源总量不足的问题更加严峻。

水资源不仅是人类社会生存与发展的重要物质基础,也是经济发展的重要战略性资源,更是生态环境的控制性要素。水资源与社会经济发展存在着相互制约、相互依存的关系。随着人口增长、生活水平提高、工业发展和农业灌溉面积的扩大,水资源的供需矛盾将日益凸显。目前,河南省正处于城市化与工业化的快速发展时期,与水资源相关的资源环境压力不断加大,水资源短缺与水环境污染、水开发利用不当和水资源利用效率低下等问题都不同程度地存在着,这些都对河南省的经济社会可持续发展提出了挑战。毫无疑问的是,如果经济增长方式不转变,水资源问题会变得更为严峻。在这种背景下,如何正确认识当前及未来河南省水资源开发利用中的问题,准确把握河南省社会经济和生态环境发展的需水规律,调整水资源管理策略,在不破坏水资源生态系统的基础上不断探索新方法,以达到在实现水资源系统社会福利最大化的同时确保水资源生态环境的完整性、均衡性和持久性,对水资源与社会经济发展交互问题进行研究就显得非常必要。

　　本书基于水资源经济学视角,以经济可持续发展理论、协调理论、二元水循环理论、水资源约束理论、水安全理论等相关理论作为理论基础,综合运用宏观、计量、数理统计、集对分析等方法,在分析河南省水资源禀赋现状与问题的基础上,对河南省水资源与社会经济交互问题进行了研究,研究内容主要包括以下几个方面:(1)河南省水资源承载力研究;(2)河南省水资源与社会经济发展协调性测度研究;(3)水资源约束下河南省产业结构优化研究;(4)河南省用水结构与效率演变及其驱动因素分析;(5)河南省水资源消耗配置关联度与生态位适宜度研究;(6)河南省水污染物与社会经济发展交互问题研究;(7)河南省水资源与社会经济发展交互问题下的对策探讨。

　　本书系国家社科基金项目(20142571)、教育部人文社会科学研究青年基金(14YJC630121)和河南省高等学校哲学社会科学研究"三重"重大项目(专项)(2014－SZZD－23)的阶段性成果。本书借鉴了国内外水资源经济学的思想和经验,结合河南省水资源特点,进行了河南省水资源与社会经济发展交互问题的研究,在河南省水资源承载力、用水结构与效率演进、水资源消耗配置、水污染物总量分配等方面做了有益的探索,所得结论与建议供河南省水资源管理政策参考,希望能对促进人水和谐的水生态文明建设提供绵薄之力,书中难免存在不足和错误之处,需要进一步地深化和完善,敬请读者批评和指正。

作　者
2015 年 3 月

目　录

第1章 绪 论

1.1 研究背景与研究意义

1.1.1 研究背景

2011 年 9 月,《国务院关于支持河南省加快建设中原经济区的指导意见》正式印发,建设中原经济区上升为国家发展战略。该指导意见第 26 条特别强调,要加强水资源保障体系建设。2013 年 11 月份的十八届三中全会首次提出"用制度保护生态环境,健全自然资源产权制度和用途管制制度,划定生态保护红线,实行资源有偿使用制度和生态补偿制度,改革生态环境保护管理体制。"由此可以看出,水资源保障和生态文明建设是事关地区经济可持续发展的重要纲领性工作。河南省水资源不仅存在总量不足和时空分布不均的先天缺陷,而且受经济建设和工业化进程中不合理开发利用的影响以及气候变化的影响,面临着供水保障风险与污染防治压力,这也成为制约河南省可持续发展的重要因素。

随着社会经济的快速发展和人口数量的增加,社会各部门对水资源的需求日益增多,促使人们对水资源的开发利用程度不断提高,水资源供需矛盾不断凸显,而且,水资源的过度开发与水污染,导致了可利用水资源量减少、生态环境恶化等问题,产生了严峻的水危机。

一方面,工业化、城市化进程的加快促使工业用水和生活用水量不断增长,农业领域中农业节水技术落后和农田水利工程建设滞后导致单位农业产值的耗水量较高。以河南省为例,2000—2012年间,河南省水资源用水量在波动中呈现上涨趋势,特别是2000—2001、2005—2006年间增长最快。而水资源在开发利用到一定程度时会出现枯竭。根据相关研究,河南省的水资源利用率普遍达到中度到高度开发利用的水平,因此,消耗量的增长趋势与水资源总量的减少趋势呈现出矛盾局面。经济的发展需要水资源为其提供生产的保障,水资源的消耗量会随着需求量的增加而越来越多,水资源会因过度消耗而成为经济发展的主要障碍。

另一方面,由于人口增长、经济增长方式落后及城镇化的发展,在经济建设中不够重视生态环境,对水土林草等自然资源的过度开发利用和消耗,大量的废水污水未经处理直接排放,造成了严重的生态环境问题。以水污染排放情况为例,河南省内城镇化水平越高的城市,如郑州,洛阳等地区,由于城镇化增加带来的生活污染源排放已经成为城市及周边地区水环境污染和雾霾形成的主要因素。就拿城镇化水平最高的郑州市来说,据相关统计,郑州市每天都有约50万吨生活污水未经处理直接排放。河南省单位生产总值能耗、单位工业增加值能耗、污染物排放强度均高于全国平均水平。① 产业结构不合理使得河南省有限的环境容量没有得到高效利用,同时,布局不均衡,容易导致局部环境容量超载。而随着城镇化的不断推进,由之带来的污染物集中排放对区域环境造成的压力亦会不断增加。

因此,水资源紧缺已经成为河南省可持续发展的瓶颈。和全国水资源情况基本一样,河南省的水资源也存在两大主要问题:一是水资源短缺,二是水污染严重。如何正确认识当前及未来水资源开发利用中的问题,准确把握社会经济与生态环境发展的需水规律,破解经济社会发展与水资源之间的矛盾,调整水资源管理策略,是当前亟待解决的重大课题。在这种背景下,探索河南

---

① 张高峰.河南环境容量指标超载,水环境无容量[N].河南商报,2011—11—03.

省水资源与社会经济交互问题下水资源的合理配置和可持续发展规划及战略的制定,就成了解决这些重大课题的关键。

1.1.2 研究意义

由于人类生存和经济社会发展的需要,对水资源的继续开发利用不可避免,但由于自然、社会、经济、技术条件的原因,从全球和一个局部区域来看,水资源开发量还要不断继续增长,加上水环境不断恶化,水资源前景不容乐观。因此,着眼于局部区域的水资源开发与利用,研究水资源与社会经济交互问题,在对待水的策略上寻找一条能使水资源开发利用得以不断持续发展的道路,就显得十分必要。

虽然近年来我国水资源利用效率和效益较以往有了较大程度的提高,工业用水定额下降明显,但与发达国家相比,我国水资源利用效率总体仍然很低,用水浪费现象普遍存在。我国目前的总用水量和美国总用水量基本相等,但我国所创造的 GDP 仅为美国的 1/2。我国农田灌溉水利用系数仅为 0.4 左右,而先进国家的农田灌溉水利用系数大约为 0.7−0.8。另据相关统计,我国的工业用水重复利用率为 50%~60%,而发达国家的工业用水重复利用率大约为 75%~85%。全国多数城市用水器具与自来水管网的浪费损失率估计在 20%以上。河南省总的用水效率大致相当于全国平均水平。我国以全球 6%的可更新水资源,9%的耕地资源,保障了全球 22%人口的温饱和经济发展,是非常不容易的也是非常伟大的。根据前面所述,河南省水资源更为紧缺,因此,大力提高水资源利用效率,建设节水型社会是我国,特别是作为极度水资源紧缺地区的河南省水资源利用的必然选择。水资源利用效率的提高和社会经济发展密切相关。因此,研究河南省水资源利用和社会经济发展交互问题,对于区域和流域水资源的合理配置与规划,乃至社会经济的可持续发展均具有重要的意义。

1.2　国内外研究综述

　　水资源问题在全世界引起广泛重视,主要是 20 世纪二战后许多国家经济社会快速发展导致用水量急剧上升,一些地区出现水危机,引起世界有关组织对水资源问题及其影响的重视和探讨,并把水作为环境中的最重要因素来对待,联合国在 1977 年召开世界水会议,通过了"马德普拉塔行动计划(Mardel Plata Action Plan)",把水资源问题提到全球的战略高度考虑。现有水资源问题的研究和社会经济密切相关,主要包括以下几个方面。

1.2.1　水资源利用与配置问题研究

　　关于水资源利用与配置问题的研究比较多,主要集中在以下几个方面。

　　(1)区域用水结构问题研究。① 按照现在《水资源公报》和《环境统计年鉴》通用的标准,我国用水结构分为农业用水、工业用水、生活用水和生态用水,结合国外经验,用水结构及其变化能够反映出一个国家或地区的经济发展和社会进步,一般而言,农业用水比重越大,说明国家产业结构较为落后;工业用水比重越高,说明国家工业化程度越高;生活和生态用水比重大,说明文明程度和生活质量较高。现有用水结构研究主要集中在用水预测、用水结构与产业结构的协调关系、用水结构的变化态势和用水结构的驱动力分析上。研究多结合实际数据,运用成分数据回归分析、信息熵、灰色关联、因子分析等方法,对区域用水结构变化、趋势及驱动因子进行分析。

---

　　① 具体见"7.1.1　用水结构演变研究"的详细描述。

（2）水资源利用效率研究。① 水资源利用效率测度与研究多基于不同区域数据，运用比值分析法、道格拉斯生产函数、包络分析法和随机前沿法等，对区域水资源利用效率及其驱动因素进行评价。

（3）水资源配置与优化模型与评价研究。② 主要集中在水资源配置方法、水资源配置系统的不确定性和风险、水资源配置的决策评价和效果评价方面。由于水资源优化配置模型一般具有多目标、高维、高度非线性、多回路、多阶段、开放性、层次性及其不确定性等特征，因此优化配置模型都相对比较复杂，该类研究集中在数学目标优化、决策分析和仿真计算方法上。所运用方法主要包括数学规划算法、遗传算法、计算机模拟等方法，注重量化分析。

1.2.2 水生态足迹理论研究

生态足迹概念及计算方法是由 William Ress（1992）提出的用于衡量人类对自然资源的利用程度以及可持续性发展的方法，其初始目的是衡量人类经济系统的可持续程度。由于近年来水资源短缺问题凸显，水资源和耕地、草场、林地、建筑用地、化石能源、土地、海洋一样，被纳入生态足迹研究框架中，通过计算某地区人们消费、生产与生活的水足迹，从而评价本区域水资源的可持续利用情况。按照生态足迹理论，生态足迹指标计算中按耕地、草地、林地、建筑用地、化石能源用地和水域等六种生物生产性土地类型，将特定区域内的各种资源和能源消耗项目折算为具有相同生态生产力的生物生产面积，再通过比较"供给"和"需求"两者的大小，得出供需平衡与否的结论。③ 最初的水生态足迹理

---

① 具体见"7.2.1 水资源利用效率界定与研究"的详细论述。

② 具体见"8.1.1 水资源配置优化与评价"的详细描述。

③ 王书华. 区域生态经济——理论、方法与实践[M]. 北京：中国发展出版社，2008.

论主要是简化的水产品（渔业）生态足迹，即在特定区域范围内和特定技术条件下，为了持续地生产人们所消耗的水产品（渔业资源）所需的水域面积，后来被拓展到水资源用地的水资源生态足迹，如范晓秋（2005）假设水资源用地建立在水资源均匀分布在地球表面上，通过平均产水模数概念刻画区域内水资源生产能力，以世界水资源平均生产能力为基础，某区域所拥有和消耗的水资源可以转化为全球尺度上的水资源用地面积，进而衡量水资源承载能力，并将之纳入生态足迹模型。黄林楠、张伟新、姜翠玲（2008）、潘华玲（2010）、孙成慧、薛龙义（2010）、方国华、罗乾、黄显峰等（2011）根据用水用户特性，将水资源足迹账户分为生活用水足迹、生产用水足迹和生态用水足迹三个二级账户，又在二级账户的基础上分为若干三级账户。根据水生态足迹和生态承载力的差别，提出了水生态赤字（盈余）的指标，这一指标直接衡量了水资源可持续利用状态。

1.2.3　水资源与社会经济协调发展综合评价研究

水资源与社会经济协调发展综合评价研究主要集中在以下几个方面。

（1）协调评价指标体系的建立。如经济合作与发展组织和联合国可持续发展委员会建立的较微观层次的生态环境"压力—状态—响应"指标体系，还有其他一些协调分析方法模型及和协调评价方法有关的数学求解技术与决策分析方法等，Pfliegner 的绿色人文发展指数、Christian 的社会生态指标体系等，Henderson 的城市生活质量指标体系等；我国学者也于 20 世纪 90 年代开始对协调评价指标体系进行探索，如许有鹏（1993）、韩宇平，阮本清（2003）、冯耀龙（2004）、郭潇（2010）等分别从社会可持续发展或水资源承载力、水安全、经济—水资源—环境系统的角度出发，探讨了水资源与社会经济的协调性指标。其中，比较权威的是研究机构提出的颇具代表性的可持续发展指标体系。中科院可持续发展战略组曾提出一套"五级叠加、逐层收敛、规范权重、统一排序"可持续发展指标体系,其把可持续发展指标体系分为总体层、系统层、状态层、变量层和要素层五个等级。国家统计局科学研究所和中国 21 世纪议程管理中心联合提出了一套基于经济、资源、环境、社会、人口六个子系统的可持续发展指标体系和 83 个指标反映不同的侧重点,在该指标体系中,既有描述性指标反映区域可持续发展现状和水平,又有评价性指标反映可持续发展各个领域、各层次以及总体的趋势变化动态,因此可以比较全面地进行评价。

(2)协调发展综合评价方法。对指标体系构建之后往往涉及综合评价方法的选用,综合评价方法用得比较多的是模糊综合评价法(来源于模糊数学的隶属度理论的定量评价方法)、基于层次分析的综合评分法(通过定性指标模糊量化方法算出层次单排序和总排序的多目标多方案优化决策的系统方法)、主成分分析法(量纲统一,对高维变量系统进行综合与简化的方法)、协调度分析法(利用协调系统理论,建立综合指标反映协调关系的方法)、集对分析法(处理系统确定性与不确定性相互作用的数学理论,其主要工具是联系数,是中国学者赵克勤在 1989 年提出的数学评价方法)、灰色系统理论评价法[用数学方法解决信息缺乏的不确定性,如朱宝璋(1994)关于灰色系统基本方法的研究与评价]、神经网络多目标综合评价法[由大量处理单元组成的非线性自适应动力学系统方法,如祝世京、陈珽(1994)研究了神经网络学习的 BP 算法,并分析了某大型水利工程水位方案评价问题]等,这些方法在综合评价中或被单独来评价区域不同子系统的协调发展程度,或者结合使用来进行区域不同子系统的协调发展程度的综合分析。

(3)协调发展模型。在协调发展模型中,经济—社会—人口—资源—环境之间的协调发展是模型的核心,针对不同研究对象构建不同的协调测度模型,主要包括变异系数协调度模型[杨士弘,廖重斌(1994)、廖重斌(1999)、申金山,赵瑞(2006)]、序参量功效函数协调度[吴跃明,郎东峰(1997)]模型、模糊隶属度函数协调度模型[曾珍香(2000)]、灰色系统理论协调度模型[畅建霞(2002)]、多目标线性加权协调度模型[方国华、朱庆元、徐丽娜等(2003),彭少明(2007),陈守煜(2003)]、系统动力学模型[郑慧娟(2005)、王银平(2007)]、整体模型[张雪花、郭怀成、郭宝安(2002),赵建世(2008),汪党献、王浩、倪红珍等(2011)]等。

1.2.4 水资源管理问题研究

解决水资源短缺矛盾的传统水资源管理模式是与计划经济时代的生产力发展水平相适应的,其思路主要体现为无节制地开发地表水,江河流量不够就筑水坝、修水库,因此主要依靠采取修建水利工程等工程技术措施,提高供水能力,造成的结果是上下游用户用水不能同时兼顾,甚至有些河流出现季节性断流现象。随着市场经济的发展,单纯由修建水利工程进行水资源管理的弊端不断凸显。我国于2002年颁布的新《水法》确定了流域管理与区域管理相结合的水资源管理基本框架,但仍存在具体管理权限分工上界限不清的问题。国内很多学者对水资源管理体制机制问题进行了探讨。如萧木华(1999)认为为从根本上解决我国水资源统一管理问题,减轻洪涝灾害,应从确立流域水管理的法律地位、流域水管理的基本原则,流域机构的法律地位,流域水管理与区域管理的水行政隶属关系,"条条管理"与流域水管理的新型上下级关系入手制定统一的流域治理开发和管理中的社会、经济、行政和环境保护的法律法规规范。王树义(2000)认为实行流域管理和行政管理相结合的管理体制,必然会导致"以地方行政区域管理为中心"的分割管理状态和"多龙管水、多龙治水"的现象的产生,建议建立统一管理、垂直领导的流域管理体制。汪恕诚(2004)建议从流域管理体制改革、区域水务管理体制改革、节水型社会建设、水利国有资产管理体制改革四个方面完善水利体制。钱冬(2007)针对我国流域管理实践中存有的体制不顺、水行政主体地位不明等问题,从机构、体制、监督、管理、立法、公众参与及保障机制等方面提出了若干完善对策。胡德胜(2010)认为可以借鉴英国水资源法律政策,强化政府职责和不同机构间相互协调作用,注重利益相关者和公众参与方式等以完善我国的水资源管理规范和保障体系。钱翌、刘莹(2010)通过对比我国与发达国家在流域管理体制方面存在的差距,结合对黄河、长江流域管理典型案例的剖析,提出了行政管理机构和体制改革、完善立法、建立生态补偿和征税机制、构建公众参与机制的对策。李四林(2012)针对中国水资源管理现状及问题,提出了政府主导下的准市场+协商的"三合一"管理模式。

　　总之,水资源系统涉及社会经济、生态环境等系统,并且各子系统之间相互影响,因此水资源问题十分复杂,水资源问题也朝着资源复杂系统的方向发展,水资源相关指标或目标越来越体现量化和可操作化特征,越来越注重研究自然水循环和社会水循环的响应关系、强调水权与排污权的统一建设与管理和最严格的水资源管理制度的实行等。这些研究为区域水资源问题与管理提供了可供借鉴的思路,但区域水资源禀赋和自然条件、历史文化和社会发展的差异,决定了不可能出现一个放之四海而皆准的水资源评价与分析方法。因此,本书结合河南省水资源禀赋和水环境情况,研究河南省水资源与社会经济发展的交互问题,从而为河南省水资源用途管理、结构管理及水资源优化配置提供参考和借鉴。

1.3　研究内容与方法

1.3.1　研究思路与内容

　　河南省作为中国的农业大省,粮食优势突出,基本上处于工业化的初中期阶段。无论是农业还是工业的发展,均离不开水资源作为其重要保障和支撑。河南省水资源紧缺,属于我国 6 个极度缺水地区之一[其他 5 个省(区)为宁夏回族自治区、河北省、山东省、山西省、江苏省],不仅如此,河南省水资源利用效率并不高,低效率用水、水浪费、水污染是困扰河南省社会经济可持续发展的水资源难题。通过河南省水资源与社会经济发展交互问题的研究,对河南省探索实现"两不三新"协调之路和实现水生态文明建设,具有重要的战略意义。

一、研究思路

本研究在河南省大力推进水生态文明制度建设的背景下,在河南省水资源现状与问题分析的基础上,运用流域及区域水资源管理理论、生态文明建设理论、可持续发展理论等对河南省水资源与社会经济发展交互问题进行研究,主要内容(见图 1-1)包括以下几个方面。

二、研究内容

(1)河南省水资源承载力研究

针对河南省存在水资源紧缺、生产生活需水与水资源供给矛盾、生态与水环境压力较大等问题,从社会经济、水资源条件、需水用水条件对河南省各区域的水资源承载力进行分析。通过实证和模型研究,揭示河南省水资源承载力及基于承载力之下的河南省经济社会发展与水资源利用演变趋势进行科学的评估和判断。

(2)河南省水资源和社会经济协调性发展研究

水资源是基础性的自然资源,也是经济发展的战略性资源,更是生态与环境的控制性要素。探索出一条不以牺牲农业和粮食、生态和环境为代价的"三化"协调科学发展之路是中原经济区发展的主线,而农业和粮食、生态和环境均离不开充足的水资源的保障和支撑。为保持水资源和生态环境的自平衡性和可再生性,促进社会经济的可持续发展,在生态环境保护与社会经济发展之间确定合理的平衡点就显得十分重要。水资源与社会经济之间的协调至关重要。在充分认识经济社会生态环境发展与水资源的供求关系及相互影响的基础上,分析河南省水资源和社会经济的耦合性,揭示河南省水资源与社会经济环境协调发展存在的问题,评价河南省水资源及其价值对地区经济可持续发展的作用,预测不同经济社会发展模式下对水资源的需求,并提出优先发展模式。

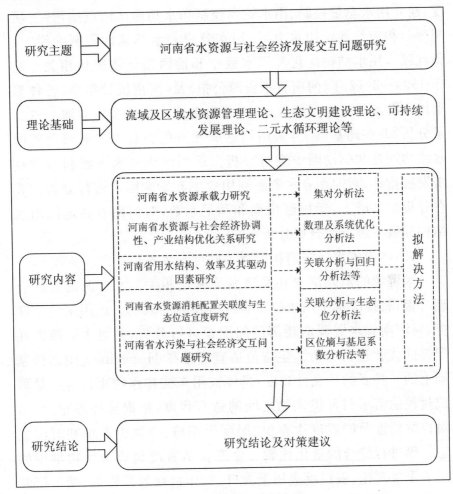

图 1-1 研究内容与方法

(3)水资源约束下的河南省产业结构优化问题研究

水资源是人类社会生存与发展的重要物质基础,同时又是战略性经济资源,因此,水资源与产业结构发展、经济增长关系密切。在河南省产业结构与经济增长分析的基础上,分析水资源紧缺对产业发展、经济增长的约束性,并进一步研究河南省产业结构变动对水资源利用的影响,研究在水资源约束下河南省产业结构优化问题与措施。

(4)河南省用水结构、效率及其驱动因素研究

2011 年中央一号文件明确提出,实行最严格的水资源管理制度,建立用水总量控制、用水效率控制和水功能区限制纳污"三项制度",相应地规定用水总量、用水效率和水功能区限制纳污"三条红线",用水结构优化和用水效率和前两条红线密切相关。基于 1999—2012 年《河南省水资源公报》及《河南统计年鉴》各种类型用水和经济社会指标数据,对河南省用水结构及效益演变进行了分析,并在此基础上,采用信息熵和灰色关联方法对河南省用水结构演变和驱动因子进行分析。运用河南省水资源利用和经济发展指标,对河南省水资源利用效率和影响因素进行分析。并在分析的基础上,运用区位熵和基尼系数,对河南省各地区用水结构和效率进行综合性分析。

(5)河南省水资源消耗配置关联度与生态位适宜度研究

水资源的消耗配置和经济发展密切相关。水资源配置的合理与否,直接决定了用水效率和经济发展的效率。运用灰色关联度,对河南省水资源消耗部门间配置进行分析,并对水资源消耗配置的优化进行分析。生态位适宜度是在 Hutchinson 生态位基础上的一种新的适合性测度,具体被用来描述作物生长与产量形成过程的需求与环境供给之间的适宜程度,依据这种思想,可以对作物所涉及的温度生态位、湿度生态位、空间生态位和时间生态位等进行综合的量化比较。生态位适宜度也成为生物学中的一个重要理论,被广泛应用于人口、农作物和自然资源、城市研究方面。在借鉴以上研究的基础上,把生态位适宜度评估模型引入到河南省的水资源消耗配置上,依据测算结果分析出水资源消耗配置的现状和存在的问题。

（6）河南省水污染与社会经济发展交互问题研究

根据环境库兹涅茨曲线，经济发展和环境污染密切相关，经济发展水平较低时，环境污染与人均收入水平正相关，水环境污染也不例外。在基于工业废水、工业 COD 排放量的环境库兹涅茨曲线基础上，分析经济发展、产业发展与环境污染的相互影响。运用基尼系数分析法，探讨河南省水污染总量分配的问题，以期为水污染总量控制及分配提供一个公平与效率兼顾的视角。

（7）河南省水资源与社会经济发展交互问题下的对策探讨

对河南省水资源与社会经济发展交互问题进行研究，目的是为河南省水资源管理和经济发展提供对策建议。结合前述问题分析的结论，拟从充分发挥水市场配置作用、执行严格的水资源管理制度安排、提高用水效率等几个方面提出适合河南省水资源特点的对策。

1.3.2 研究方法

（1）信息熵、灰色关联方法、集对分析、回归分析等数理和计量方法。通过收集河南省 1999—2012 年国民经济各行业用水量和行业发展情况，结合信息熵、集对分析、灰色关联、回归分析等方法，对河南省用水结构、水资源承载力、用水效率等问题进行研究。

（2）定性分析和定量分析相结合。定性分析河南省水资源与水环境现状，并结合历史数据，对河南省水资源与社会经济交互问题进行分析，并在定量分析的基础上，寻求合适的水资源管理政策。

（3）多学科研究方法相结合。综合运用城市生态学、管理学、水资源经济学、系统科学以及数理统计、综合评价、数值模拟等多学科的理论与方法进行系统的研究。

总之，本书拟从河南省水资源禀赋现状出发，注重定性分析和定量分析相结合、实证分析和规范分析相结合的研究方法，运用集对分析、灰色关联分析法、适宜度分析等方法和经济区协同发展理论、可持续发展理论、生态文明建设理论等,从理论层面和实践层面分析河南省水资源消耗配置、利用的问题,研究河南省水资源消耗配置和利用的一般规律,从而实现河南省水资源合理配置、科学规划以及河南省的水生态文明建设,为更好探索出"两不三新"的三化协调之路提供水资源保障和支撑。

第2章 水资源与社会经济发展
交互关系理论基础

2.1 水资源约束与可持续发展理论

2.1.1 "木桶"理论

众所周知,盛水的木桶是由许多块木板箍成的,盛水量也是由这些木板共同决定的,若其中一块木板很短,则此木桶的盛水量就被短板所限制。这块短板就成了这个木桶盛水量的"限制因素"(或称"短板效应")。木桶理论是形容科学研究和事物整体发展的态势,决定一只木桶容量的,既不是最长的木板,也不是平均长度的木板,而是那根最短的木板。

根据有关专家介绍,一个地区或城市的现实承载力可以由"木桶理论"来确定,即由各单项资源和发展条件中最弱的一项来确定。我国近些年一方面淡水资源不足,另一方面水质却在不断恶化。主要表现在城市地表水和地下水源都受到不同程度的污染;部分水库出现富营养化并呈加剧趋势;各大流域水生动物数量明显减少。由于污水处理厂及配套管线建设相对滞后,水体纳污承载力接近极限。水环境容量作为经济发展"木桶"中的短板,严重影响了城市的发展,而且经济的发展和人们生活水平的提高会进一步加剧水资源的短缺。

2.1.2 约束理论

当经济社会发展对水资源的需求大于供给的时候,经济发展就会出现瓶颈,发展就会受到约束。其表现为:一是短期内经济社会发展面临的水资源供应紧缺;二是长期内水资源供不应求对经济发展的长远影响。经济的增长伴随着水需求的增加。而经济发展需要一个过程,增长方式的转变还需要一段时间,部分行业还存在着高污染、高消耗、低收益、重污染的问题,水资源利用效率低,水污染及浪费现象严重,这种经济局面会进一步加剧供需矛盾。因此,人类可利用的水资源是有限的,这种有限性,不仅局限于水资源的使用,还包括依附于水资源而存在的各种生物群落和各种环境因子,即水资源生态环境也是有限的。这决定了以水资源为基础要素的社会经济活动也必须在水资源及其水资源环境承载力的范围内进行。

一、水资源对区域经济发展的约束性

水资源如此重要,而在现实区域尤其是在河南省又如此紧缺,因此,水资源的有效使用是中国可持续发展研究的重要方面。任何一个经济社会的可持续发展的问题都必将涉及水资源的支撑力问题,只是突出重点和表现形式不同。目前研究的诸多热点问题,如经济结构调整、水资源与国民经济协调发展、区域水资源的可持续发展都和水资源支撑力有关。

水资源支撑力又称水资源承载力,其对经济发展的重要性主要在于水资源的支撑力是有限的,超过一定阈值,经济发展将是不可维持的。而水资源的约束性就是通过水资源的支撑力或承载力体现出来的。

水资源的紧缺性决定了水资源的支撑力是有限的。在这种背景下为保障水资源对社会经济可持续发展的支撑性,有专家提出,水资源应该作为一项商品和服务,支持环境承载能力内的有限制的水贸易,为环境资源保护和人类之共同利益,水的跨国贸易可以在全世界范围内展开,应该建立起全球性的水资源管理系统,公平合理地利用水资源。

因为水资源支撑力是有限的,水资源对社会经济发展是存在约束性的,而且像前面所述,随着社会经济的发展和人民生活水平的提高,对水的需求会不断增加,而水资源的有限性又决定了水资源约束的紧迫性和重要性。在这种背景下,利用水资源就需要遵循自然规律、价值规律和社会规律,在合适的时间、合适的地点、以合适的数量和合适的质量,合理配置和调度水资源,同时满足经济社会发展的需水要求和生态环境保护的要求。

二、水资源约束对产业结构变迁的影响

水资源与产业结构存在耦合性。当经济发展相对落后时,经济总量低,产业结构中第一产业即农业所占比重大,由于节水意识和节水技术的落后,无论是农业还是工业单位产量所耗费的水量都比较大。如农业用水是消耗性的,灌溉农业必定需要大量的水来生产粮食。对水资源的消耗和非循环使用导致的水资源日益紧缺性决定了这种经济发展模式是不可维持的。

在水资源紧缺的今天,水资源的约束,制约了产业结构的演变模式必定是农业的发展从高耗水农业向着节水农业、高效农业转变,而工业的发展则是从劳动资源密集型向资本技术密集型转变。

尤其值得注意的是,在我国城市化和工业化过程中,某些地方政府和企业在利益的驱使下,急功近利、无节制地出售严重污染水资源的初级产品,加剧了某些城市的水资源危机。有的城市甚至为尽可能地占领更多的市场份额,提高产品的市场竞争力,通过增加水资源消耗、不处理污染物等牺牲水资源的手段求取竞争实力的增强和贸易的发展,这就给某些省(直辖市)造成严重的水资源危机隐患。

在农业用水和工业用水的分配问题上,有研究指出,目前农业用水已占到全球淡水资源的 92％,而广大的发展中国家普遍存在着农业用水的浪费。这从另外一方面提出了农业节水的重要性。同时广大的发展中国家普遍存在着工业经济与水环境不协调的问题。因此,提高农业和工业用水效率才是缓解水资源环境压力,改善水环境质量的根本。优化产业结构,促进产业结构升级,限制甚至淘汰高污染、高消耗、高耗材、重污染型产业规模发展,提高产业整体的技术水平,利用先进技术改造和优化产业,提升产业发展质量,增加对污染过程的控制和防治能力就成了应对水资源约束和水资源危机的必然选择。

2.1.3 可持续发展理论

一、可持续发展与水资源开发利用

可持续发展的关键要素是人口、资源与环境,即控制人口、珍惜资源、保护环境。土地和淡水资源是有限的,石油和煤等矿产资源是不可再生的,单方面强调改造自然、忽略对自然的维护,破坏人与自然的平衡协调,依赖短缺自然资源的工业经济是不可无限持续发展的经济。"可持续发展"的概念最早出现在 20 世纪 80 年代,1980 年世界自然保护联盟起草的《世界自然保护战略》指出,可持续发展强调人类利用生物圈的管理,使生物既能满足当代人的最大持续利益,又能保持其满足后代人需求与欲望的潜力。1987 年联合国通过了世界环境与发展委员会提出的《我们共同的未来》的报告,该报告把可持续发展阐述为"既满足当代人的需要,又不对后代人满足其需求的能力构成危害的发展"。

关于可持续发展的定义表述有很多种方式,但无论哪一种表达方式,都认为可持续发展的核心是经济发展。Edward B. Barbier 在《经济、自然资源、不足和发展》一书中就曾提出,可持续发展是"在保持自然资源的质量和其所能提供服务的前提下,使经济发展的净利益增加到最大限度"。有的学者认为,可持续发展是"今天的资源使用不应减少未来的实际收入。"1996 年 2 月 28 日宋健在《人民日报》撰文谈到"可持续发展的内涵"时也曾指出,可持续发展的目标是保证社会具有长期可持续发展能力,认为:①发展的内涵既包括经济发展,也包括社会发展和保障、建设良好的生态环境;②自然资源的永续利用是保障社会经济可持续发展的物质基础;③自然生态环境是人类生存和发展的物质基础,犹如空气和水一样,是人类生存和进步须臾不离的东西。因此,可持续发展目标集中了全人类的智慧,是在总结反思社会发展与生态环境相互关系的正反两方面经验和教训基础上提出来的,其中心思想是人类社会经济的持续稳定发展应建立在生态环境承载力、社会公正和人们积极参与自身发展决策的基础上,可持续发展是一个自然—社会—经济复杂系统,它应朝着均衡、和谐、互补的方向进化。

在整个自然生态系统中,水是生命支持系统的关键性要素;在整个社会系统中,人是最重要的关注对象;在整个经济系统中,水、土地、能源是最基本的三大战略性资源。在整个自然生态系统中,水资源与森林、植被、生态环境等密切相关,森林、植被、生态环境的破坏必将引起水土流失和水资源短缺,而水资源的短缺必将导致森林、植被的破坏和生态环境的进一步恶化。因此,我们不能像传统发展那样,靠牺牲环境、过度消耗和破坏水资源,以此追求经济发展的单纯外延增长,而必须保证在水资源的开发利用上做到合理、均衡和协调,正视人类不恰当的社会经济行为和工程活动必将造成的灾难性后果。

二、水资源开发利用与水环境保护问题与影响

我国水资源开发利用的两大问题是水资源供需失衡与生态环境恶化,这两大类问题也越来越成为制约我国社会经济可持续发展的重要因素。21 世纪水资源可持续利用和发展的指导思想是:保障水资源供需平衡,保护水生态环境。随着城镇化进程的推进和城市数量的增多、人口规模和产业规模的不断扩大,城市

缺水的矛盾加剧,同时水资源保护和水污染治理的难度也在加大。而且,我国水土流失分布范围广、类型多且危害重,水资源和水环境方面的危害对我国经济社会的可持续发展和人民群众的生产、生活造成了多方面的严重危害,降低了水资源的有效利用,加剧了非点源污染以及恶化了水体水质,大大制约了经济社会的可持续发展。

目前,我国重化工所占比重很大,一些外向型的轻工业所占比重也较大,而高端产业和高端产品所占比重较小,由此决定了我国工业发展中"三高一低一重(高污染、高耗能、高耗材、低效益、重污染)"的现象难以在短期内得到根本改观。虽然,消耗资源能源就要排放废物,但在发展过程中,尤其是在可持续发展的理念中,决不能以此为借口不重视环境保护。

虽然国家近年来制定了让江河湖泊休养生息、重点流域治理等政策,但水环境的污染情况没有从根本上得到遏制,主要是由粗放型的发展方式、不合理的产业结构以及过快的经济增长速度所致。目前,我国高污染高排放的企业多,经济发展了,污染治理设施却跟不上。有的地区污水处理厂等污染治理设施规划不完善,现有处理能力已经严重不足。短期内又无法扩建,导致大量的污水排入河道。流域内的产业结构不调整,污染则积重难返。因此,必须清醒地认识到产业结构对水环境的影响,调整产业结构,增加水环境容量,走可持续发展道路。

2.2 二元机制耦合理论

2.2.1 自然水循环与社会水循环的发展与提出

水循环是解决水资源相关问题的基础,受自然条件和人类活动的影响,水循环系统表现出"天然—人工"二元特性,二元水循环理论研究正受到水资源领域专家及研究人员的重视。有学者提出："水文学在其发展过程中,出现了又一次重要转折,进入水资源水文学发展阶段,从此水文学不仅要研究水在自然界中的循环、平衡和变化,还要扩展到人类社会中,研究水在开发利用过程中的循环、平衡和变化。"在现代社会,人类社会系统与自然水资源系统的相互作用是空前的,水在社会经济系统的活动状况正成为控制社会水系统与自然水系统相互作用的主导力量。因此,研究自然水循环和社会水循环就变得非常必要。

2.2.2　自然水循环和社会水循环的内容

一、自然水循环

自然水循环是地球上的水在太阳辐射和重力作用下,通过蒸发、蒸腾、水汽输送、凝结降雨、下渗以及地表径流、地下径流等环节,不断发生水的三态转换而周而复始的运动过程。[①] 引起水自然循环的内因是水的 3 种形态在不同温度条件下可以相互转化,外因是太阳辐射和地心引力。自然水循环由两个部分组成,一部分是全球海洋和陆地之间的水分交换过程,又称大循环;另一部分是海洋和大气之间或陆地大气之间的水分交换过程,又称小循环或陆地水循环。目前,人们研究较多的是陆地水循环,具体见图 2-1。

二、社会水循环

社会水循环是由于发展进程中的人类活动改变了天然状态下的自然流域水循环过程,形成并发展了"取水—输水—用水—排水—回用"五个基本环节,而且逐步减少了天然状态下地表径流和地下径流量。特别是从工业革命以来,全球经济总量迅速增

---

① 崔琬茁,张弘,刘韬,朴春红. 二元水循环理论浅析[J]. 东北水利水电,2009(9):7-8.

加,人类用水规模和干扰自然水系统的深度和力度得到前所未有的提高,水资源利用方式粗放和浪费性使用加剧了水短缺、水污染和水生态系统退化问题、并日益使得水资源短缺成为人类持续发展"瓶颈"。在很多地区和国家,人类社会经济系统的作用主导着水资源系统的演化。

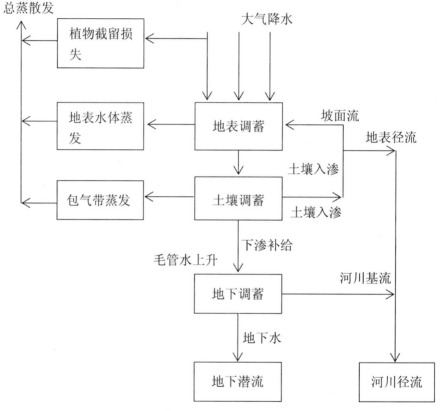

图 2-1　陆地自然水循环系统示意图

在当前水资源按照用途分类并重复利用、维护低成本的原则下,社会水循环系统可类似地概括成供(取)水、用(耗)水、排水(处理)与回用四个子系统,取水系统是社会水循环的始端,用水系统是社会水循环的核心,污水处理与回用系统是伴随社会经济系统水循环通量和人类环境卫生需求而产生的循环环节。水的社会循环系统如图 2-2 所示。

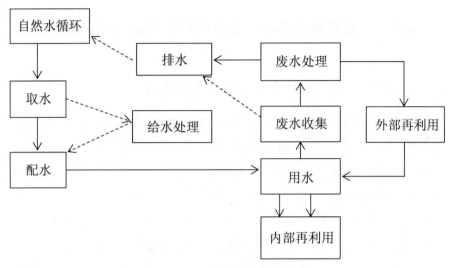

图 2-2　社会水循环示意图

三、二元水循环

和自然系统中的水循环运动过程一样,社会经济系统中水的运动过程也具有循环性特点。社会水循环过程通过取供水、排水与自然水循环过程相联系。这两个方面相互矛盾和相互依存,构成了水循环的整体,即二元水循环系统,其系统结构如图 2-3 所示。

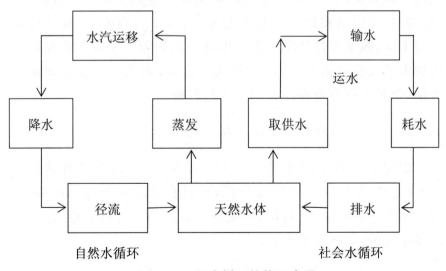

图 2-3　二元水循环结构示意图

2.2.3 自然水循环和社会水循环的互动关系与耦合机制

一、自然水循环和社会水循环的互动关系

自然水循环和社会水循环存在着互动关系,在没有人类活动或人类活动干扰可以忽略不计的情况下,水循环过程主要以自然水循环为主,也就是所谓的一元驱动,自然水循环为社会水循环提供可持续发展的水资源要素。但是随着科技进步和经济社会的快速发展,大规模人类活动对自然水循环带来了越来越大的影响,主要表现在:①由于二氧化碳、甲烷、氮氧化物等温室气体的大量排放,引起了全球气候的显著变化,对降水的时空变化产生了重大影响,极端气候现象发生几率加大,水旱灾害的强度、影响范围和持续时间都呈加剧趋势。②随着城市化进程及工业、交通等基础设施建设的快速发展,不透水地面大量增加,加上地下水超采,地下水位持续下降,以及因盲目垦荒导致的天然植被破坏等原因,导致下垫面发生显著变化,使降水—地表水—地下水的演化规律发生重大改变。③社会水循环通量与自然水循环通量比例失调对自然生态系统造成严重损害。特别是北方地区,由于河道外过量引水和地下水长期超采,引发了河道断流、湖泊湿地萎缩干涸,地下水位持续下降等生态环境问题。④社会水循环系统加大了水资源消耗量,与自然状态比较,相当于减少了河流入海量,会对河口及近海生态产生不利影响。

二、自然水循环和社会水循环的耦合机制

根据秦大庸、陆垂裕等(2014)的研究,水循环演变规律受自然和社会二元作用力的综合作用,是具有高度复杂性的巨系统。两类水循环在驱动力、过程、通量三大方面均具有耦合性,并衍生出多重效应,如图2-4所示。

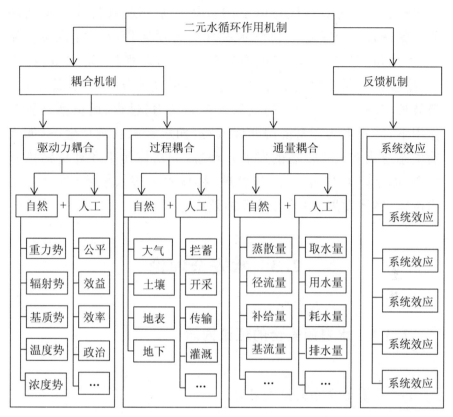

图 2-4　二元水循环耦合作用机制①

　　在驱动力方面主要表现为自然驱动力和人工驱动力的耦合，水循环不仅受到自然过程的重力势、辐射势等影响，也受到人工驱动力如公平、效益、国家机制等作用影响。自然驱动力和人工驱动力分别构成了水循环产生及持续的自然基础和水资源价值及服务功能得以实现的社会基础。在过程耦合方面，主要体现为自然水循环过程和人工水循环过程的耦合。自然水循环过程可划分为大气过程、土壤过程、地表过程和地下过程，社会水循环过程较多体现为外在干预的形式，通过人工的外在干预参与自然水循环过程中的每一个环节，如地表过程中的水库拦蓄过程、温室

---

　　①　秦大庸,陆垂裕,刘家宏,王浩,王建华,李海红等. 流域"自然—社会"二元水循环理论框架[J]. 科学通报,2014(4—5):419—427.

气体排放过程等。现代环境下的自然水循环通量与社会水循环通量紧密联系在一起。自然水循环的各项通量,如蒸散量、径流量、入渗量、补给量等,与社会经济系统的取水量、用水量、耗水量、排水量等既是构成系统整体通量的组成部分,又相互影响,此消彼长,存在着对立统一的关系。在驱动力、过程、通量耦合机制作用下,二元水循环系统演变成资源(如水资源衰减)、生态(如天然生态退化和人工生态的发展)、环境(如水体污染和环境污染)、社会(如生产力布局、制度与管理、科技水平等)、经济(如产业结构优化、经济发展等)的五维反馈效应。

2.3 水安全理论

2.3.1 水资源安全的理论内涵

一、水资源安全的概念界定

众所周知,安全通常与危险、威胁相关联。水资源安全是指在一定的经济技术条件下,人类在利用水资源的过程中,正视水资源的有限性,在水资源和水环境的承载能力范围内,不过度开发和非科学使用水资源,不过度消费和挤占生态用水,破坏生态环境,同时借助于水资源的高效利用更好地促进经济发展以及提高我们的生活质量。

对水资源安全的理解有广义和狭义之分。从广义上讲,水资源安全是水资源自然循环和社会循环相互耦合;国家经济和社会生活不会因洪涝灾害、干旱缺水、水环境破坏等造成严重损失;水资源约束下社会经济能够可持续发展。从狭义上讲,水资源安全是指有充足的水资源可以满足人们的生存需要,工业用水能够得到供应和满足,河海流域单水体污染应在水体自净能力承受范围内,生态用水能够满足生态环境需要;对水资源的开发利用在水资源承载能力范围内。

二、水资源安全与国家经济、生态安全

2011 年的中央一号文件提出,水是生命之源、生产之要、生态之基。从这个层面上讲,水资源不仅关系到防洪安全、供水安全、粮食安全,而且关系到经济安全、生态安全、国家安全。因此,水资源安全与国家经济、生态安全存在密切的关系。

首先,水资源安全关系到国家经济安全。水资源是经济系统、自然系统的基础控制性要素,国民经济和社会要想可持续发展,水资源生态系统必须具有可持续支撑的能力。对水资源生态系统的任何破坏,如水质污染和水环境破坏、水资源短缺等都必将威胁到国民经济社会的可持续发展。

其次,水资源安全关系到国家生态安全。水资源的自然循环和社会循环二元循环之间存在着耦合互动的关系,水资源在社会经济系统的活动状况主导着社会系统和自然水系统的相互作用。社会经济系统对水资源的利用必须在水资源的再生能力范围内,否则就会破坏水资源的自然循环过程,影响水资源的可持续性,从而破坏国家水生态安全。

2.3.2　水资源安全态势

从众多关于我国水资源的研究可以看出,我国的水资源安全形势严峻。主要表现在水量短缺、水质污染两个方面。

一、水量短缺影响水资源供需均衡

新中国成立初期,我国水资源开发利用基础设施十分薄弱,供水设施基本以小型分散为主,全国仅有大中型水库 20 多座,1949 年总供水量仅 1030 亿 m^3。新中国成立后,党和国家对水利事业高度重视,兴建了大量的水资源利用工程,对防御洪涝灾害、保证农业持续稳定增产,为工业及城镇生活供水提供了较高的保

障、并且对解决边远山区和牧区的居民和牲畜饮水困难,以及保护生态环境等方面做出了重要的贡献。但经济持续高速增长、城市化进程加快、人口的迁移对水资源的需求增加加剧了水资源供求不均衡的矛盾。据孙才志、杨俊、王会(2007)等以 2010 年为水平年,对未来水资源的供需均衡分析发现,全国各流域在不同水平年和情景下的缺水情况严重。另据有关统计显示,当 2030 年我国人口达到 16 亿的时候,人均水资源量为 1700m³,即处于世界公认的贫水警戒线 1800m³ 以下。目前,正常年份全国每年缺水量近 400 亿 m³,供水不足的城市有 400 余个,缺水比较严重的城市有 110 个。与之并存的是用水效率不高。据有关资料分析,目前渠灌区灌溉水利用率只有 20%～40%,而同一指标先进国家为 70%～80%,全国渠道每年渗漏损失水量约为 1700×108m³,水量浪费严重。

二、水质污染、水环境恶化影响水生态安全

首先,水质污染严重。据 1997—2012 年的《中国环境统计年鉴》和《中国统计年鉴》显示的经济增长和废水排放量数据显示,$\log(fw) = 2.7937 + 0.2825 \times \log(GDP)$,其中,fw 表示废水排放量,调整过的 $R^2 = 0.98$,D.W = 1.25。因此,GDP 增长 1%,会导致废水排放增加 0.2825%。废水排放增加和有限的废水处理导致的直接结果就是水域污染严重,特别是平原河网和城市内河污染问题更是突出。另据 2013 年《中国环境状况公报》显示,部分城市河段如黄河流域的山川河山西吕梁段、汾河山西太原段、渭河陕西西安段,珠江流域的深圳河广东深圳段,松花江流域的阿什河黑龙江哈尔滨段,西北诸河的克孜河新疆喀什段等均为重度污染。不同河段上下游之间的污染导致流域间矛盾突出,经济发展付出了沉重的环境代价。

其次,水环境压力大。通常认为,当径流量利用率超过 20% 时就会对水环境产生很大影响,超过 50% 就会产生严重影响。目前,我国水资源开发利用率超过 19%,接近世界平均水平的三倍,

另外,诸如地下水的过度开采、蓄养水源的湿地干旱、水土流失、土地沙化、荒漠化等水生态问题也比较突出,造成了巨大的水环境压力。根据中国地质科学院所承担的《全国地下水资源及其环境问题综合评价及专题研究》项目研究成果显示,华北平原深层地下水超采状况居全国之首,开采程度(以实际开采量与允许开采量之比来表示)达到 177.2%。2008 年,中国地质调查局历时 5 年完成的《华北平原地面沉降调查与监测综合研究》表明,地面沉降与经济损失成相关,由于华北平原地面沉降造成的直接经济损失达 404.42 亿元,间接经济损失 2923.86 亿元,累计损失 3328.28 亿元,且呈不断恶化趋势。

2.3.3　水资源安全预警与保障

水资源是否安全关系到国家经济安全、社会经济可持续发展与生态系统的稳定,有时甚至是毁灭性的影响,因此,为规避水资源不安全可能出现的问题,必须做好水资源安全预警与水资源安全保障工作。

水资源预警强调对由于自然作用和人类经济社会活动所造成的重大水资源不安全问题进行预期性评价,通过观察、监测、探明自然因素和社会因素对水资源开发利用产生的影响,预测各种安全指标(或参数)是否偏离水资源安全阈值,并根据对应情况制定消除或缓解水资源不安全的措施。水资源安全预警的工作涉及专业人员开展前期水资源安全预警内容、方法和系统建设工作,为下一步制定消除或缓解水资源不安全的措施提供依据。比如为了防范持续的贫水年或重大水污染事故可能造成的缺水风险以及水污染对水生态系统所造成的破坏,必须阻止有关专家进行论证,收集数据进行研究并预测风险,组织有关人员采取必要的风险防范措施。

要想保证水资源安全,除了必要的水资源预警之外,还必须有对应的水资源保障体系的建设,我国对应的水资源保障体系包括:供给保障体系、需求保障体系、贸易保障体系、政策保障体系、技术保障体系、法律保障体系 6 大类,这 6 大类保障体系还涉及具体的长期性措施和短期性措施,各具体措施的重要性和紧迫性上是有差异的,具体如表 2-1 所示,在具体实施的工程中,"重要"和"紧迫"组合的项目要优先实施,"比较重要"与"紧迫"的组合或"重要"与"比较紧迫"的组合次之,其他组合再次之。

表 2-1 中国水资源安全保障体系实施策略[①]

保障体系类别	保障体系名称	重要性			时间性		
		重要	比较重要	一般	紧迫	比较紧迫	一般
供给保障体系	水生态保护补偿机制	+			+		
	水污染防治机制	+			+		
	多水源联合开发机制	+				+	
	水资源功能转换机制		+			+	
	水利工程建管并重机制	+			+		
	水资源高效利用机制	+			+		
需求保障体系	水价调节机制	+			+		
	调整用水结构机制	+				+	
贸易保障体系	水权、水市场交易机制	+				+	
	水污染排污权交易机制	+				+	
	虚拟水贸易制度			+			+

① 孙才志,杨俊,王会.面向小康社会的水资源安全保障体系研究[J].中国地质大学学报(社会科学版),2007(1):56.

续表

保障体系类别	保障体系名称	重要性			时间性		
		重要	比较重要	一般	紧迫	比较紧迫	一般
政策保障体系	水资源管理体制	+			+		
	水利工程投融资体制		+			+	
	社会保障机制	+				+	
	经济补偿机制	+				+	
	公众参与机制		+			+	
	水危机预警与应急机制	+			+		
	水资源储备制度			+			+
	循环经济政策	+			+		
技术保障体系		+			+		
法律保障体系	国际法		+			+	
	国内法	+			+		

　　因此,如何提供保质保量且具有恰当供水保障率的水资源,如何利用不断发展的科学技术开发利用各种可能的水源,并合理用水、节约用水,努力挖潜增供以实现水资源合理配置和满足需水增长要求,如何通过江河治理减轻旱涝灾害,注重水资源开发利用方式与社会经济和生态环境的关系,在维持生态环境系统稳定健康的前提下,确保社会经济的持续发展,不仅是当下发展可持续经济,构建生态文明的需要,也是水资源危机下亟须解决的关键问题。

本章小结

　　水资源与社会经济发展的交互问题研究具有浓厚的理论基础。水资源是支撑可持续发展的重要物质基础,"木桶"理论、约束理论、可持续发展理论都注重从经济发展的战略性资源角度出发,论证水资源对经济可持续发展的制约性;二元机制耦合理论论证了水循环演变规律受自然和社会二元作用力的综合作用,是具有高度复杂性的巨系统;水安全理论则在前两类理论的基础上再次论证了水资源对于国家经济、社会生活、生态环境方面的约束性。这些理论实际上都强调了人类社会经济活动对水资源利用的影响,正如秦大庸、陆垂裕等(2014)所言,自然水循环和社会水循环在驱动力、过程、通量三大方面均具有耦合性,并衍生出多重效应。如何在水资源约束下发挥二元水循环耦合正效应,确保水资源安全,是个值得探索的问题。

第3章   河南省水资源现状

3.1   河南省水资源禀赋

我国是一个水资源贫乏的国家,水资源总量约占世界水资源总量的 6%,人口占世界总人口的 21%,人均水资源量仅为世界人均值的 30%,居世界第 109 位,且时空分布不均,受资源型缺水危机困扰的人口占全国总人口的 1/3 以上。2012 年人均水资源量为 2186.1m³,水资源分布与土地资源和生产力布局不相匹配,总体上水资源分布南丰北欠、东多西少,根据各区的人均水资源量,我国有 16 个省(区、直辖市)属于重度缺水,宁夏、河北、山东、河南、山西、江苏共 6 个省(区)为极度缺水地区。2012 年,河南省水资源总量为我国水资源总量的 0.9%,人口总数占我国人口总数的 6.95%,人均水资源量仅为我国人均水资源量的 12.93%。相对于全国平均水平而言,河南省水资源总量不足的问题更加严峻。

下面从河流水系、水资源状况演变两个方面介绍一下河南省的水资源禀赋状况。

3.1.1   河流水系

河南省位于北纬 31°23′~36°22′,东经 110°21′~116°39′,地跨暖温带和北亚热带两大自然单元的我国东部季风区内,分属长江、淮河、黄河、海河四大流域,全省河流众多,流域面积在 100km² 以上的河流 493 条,其中流域面积超过 10000km² 的 9 条,为黄河、伊川河、沁河、淮河、沙河、洪河、卫河、白河和丹江,

1000～10000km² 的 52 条。由于地形影响,大部分河流发源于西部、西北部和东南部山区。顺地势向东、东北、东南或向南汇流,形成扇形水系,河流基本分为四种类型:穿越省境的过境河流;发源地在省内的出境河流;发源地在外省流入省内的入境河流;发源地和汇流河道均在省内的境内河流。①

　　淮河是河南省的主要河流,流域面积 86248km²,占全省土地面积的 52.2%。淮河发源于桐柏山北麓,呈西南、东北流向,支流源短流急,北岸支流有洪汝河、沙颖河、涡惠河、包浍河、沱河及南四湖水系的黄蔡河和黄河故道等,洪汝河、沙颖河发源于伏牛山、外方山东麓,为西北、东南走向,上游为山区,水流湍急,中下游为平原坡水区,河道平缓;其余诸河均属平原河道。

　　黄河为河南省过境河流,流域面积 36164km²,占全省面积的 21.9%。黄河在河南省境内长约 720km。北岸支流有蟒河、丹河、沁河、金堤河、天然文岩渠等。丹河、沁河支流大部分在山西省,为入境河流;金堤河、天然文岩渠属平原河道,平时主要接纳引黄灌区退水,南岸支流有宏农涧河、伊洛河,分别发源于秦岭山脉的华山和伏牛山,呈西南、东北流向。黄河干流在孟津以西两岸夹山,水流湍急,孟津以东进入平原,水流减缓,泥沙大量淤积,河床逐年升高,高出两岸地面 4～8m,形成"地上悬河"。

　　海河流域在河南省的主要支流有漳河、卫河、马颊河和徒骇河,流域面积 15336km²,占全省土地面积的 9.2%。漳河流经林州市北部,为河南省与河北省的边界河流,卫河及其左岸支流峪河、沧河、安阳河发源于太行山东麓。卫河上游山势陡峻,水流湍急,下游流经平原,水流平缓。马颊河和徒骇河属平原河道。

　　长江流域的汉江水系在河南省的主要河流有唐河、白河和丹江。流域面积 27609km²,占全省土地面积的 16.7%。唐河、白河发源于伏牛山南麓,呈扇形分布,自北向南经南阳盆地汇入汉江。

---

① 河南省水资源编纂委员会.河南省水资源[M].郑州:黄河水利出版社,2007:3.

丹江穿越河南省淅川县境西部,为过境河流。

3.1.2　水资源状况的演变

河南省在第一次水资源评价时,得出 1956－1979 年的 24 年间平均地表水资源 312.84 亿 m³/年,地下水资源 204.68 亿 m³/年,扣除两者间重复计算水量 103.81 亿 m³/年,总资源量 413.71 亿 m³/年,居全国第 19 位,人均水量和亩均水量约在 400m³ 左右,只相当于全国平均数的 1/5 和 1/6,不足世界平均数的 1/25,远远低于世界公认的人均 1000m³/年警戒线,属于重度缺水省份。而且水资源存在严重的时空分布不均问题,地表径流年际年内变化大,丰水年 1964 年径流量 718.2 亿 m³/年是枯水年 1978 年的 99.4 亿 m³/年的 7.2 倍,年内汛期最大四个月的径流量占全年的 60～80%,春季(3～5 月)径流量只占全年 15%～20%,而灌溉需水量约占全年的 35%～45%。在地区分布上,豫南三市集中了全省水资源量的 50% 以上,而人口和国内生产总值占全省的比例还不到 30%,耕地也只占 32.2%;豫东人口、耕地和国内生产总值占全省近 40%,水资源量却只占全省的 20.8%,相当大地区的人均、耕地亩均水量不足全省平均的一半。这种来水和用水的时间和区域不一致,给我省水资源利用造成很大困难,使得有些地区水资源得不到充分利用,而另一些地区又严重缺水。

河南省水资源量总体呈现纬向分布,由北向南逐渐增大。其中,许昌(34°N)以南雨水资源较为丰富。近十几年来,由于降水偏少,更主要是人类活动影响,水资源量有所减少,根据 1999 年至 2012 年《河南省水资源公报》可知,近十几年年均降水量为 771.8ml,而平均地表水资源量为 287 亿 m³,地下水资源量为 197 亿 m³,水资源总量为 406 亿 m³,分别是 1956－1979 年 24 年间平均地表水资源、地下水资源和水资源总量的 91.7%、96.2% 和 98.1%,地表水资源总量减少得最多。由表 3-1 可知,从水资源区域分布来看,水资源紧缺而且开发利用程度又特别高的地区,如豫北、豫东地区,地表水量减少情况更为严重。

表 3-1　区域水量、人口、耕地和产值占全省比例

区域		豫南	豫北	豫东	豫西
人口(%)		27.7	20.4	38	13.9
耕地(%)		32.2	18.8	36.7	12.3
国内生产总值(%)		20.9	21.9	40.3	17
总资源量(%)	(1956—1979 年)均值	50.7	13.2	20.8	15.3
	(1999—2012 年)均值	51.2	11.6	21.4	15.8
地表水量(%)	(1956—1979 年)均值	58	9.7	13.7	18.6
	(1999—2012 年)均值	61.3	7.1	12.6	19

注:豫南指驻马店、信阳和南阳三市,豫北指黄河以北六市,豫东指郑州、开封、商丘、许昌、漯河和周口六市,豫西指三门峡、洛阳、平顶山三市。

3.2　河南省水资源利用

3.2.1　水资源利用基本情况

根据 1999—2012 年的《河南省水资源公报》数据资料(表 3-2),全省平均每年总用水量为 218.53 亿 m^3,其中,农业(包括农、林、渔业用水)用水为 133.11 亿 m^3,占总用水量的 60.9%;工业用水 47.60 亿 m^3,占总用水量的 21.8%;生活用水 33.43 亿 m^3,占 15.3%;生态用水 4.37 亿 m^3,占 2%。在 1999—2012 年的 14 年中,用水量最多的是枯水年 2012 年,达到 238 亿 m^3,用水量最少的是丰水年 2003 年,达到 187.6 亿 m^3。2012 年比 2003 年总用水量多 50.4 亿 m^3,占多年平均用水量的 23.1%。

河南省用水量在区域分配上也不平均,而且和水资源的区域
分布、流域分布并不对称。水资源比较紧缺的豫北地区、豫东地
区用水量分别是水资源总量的 1.45 倍和 0.85 倍,特别是豫北地
区的水资源严重不足,用水只能依靠引用过境水和超量开采浅层
地下水,水资源的可持续供应存在一定的风险,豫南地区水资源
相对而言,不那么紧缺。

表 3-2　近年来(1999—2012)各区域水资源量、用水量情况

区域	豫南	豫北	豫东	豫西	全省
近年平均水资源总量(m³)	207.85	47.27	87.06	64.11	406.29
近年平均年用水量(m³)	49.33	68.41	73.7	27.08	218.52
用水量/水资源总量	0.24	1.45	0.85	0.42	53.78

3.2.2　河南省主要行业用水分析

一、农业用水分析

农业用水分农田灌溉用水和林牧渔(含林果灌溉用水、鱼塘
补水用水两项)用水,农业用水受气候即主要受降水丰枯影响比
较大。从 1999—2012 年的农业用水数据(如图 3-1 所示)可以看
出,农业用水量最多的是 1999 年,为 159.486 m³,农业用水最少
的是 2003 年,为 113.3 m³。农业用水量从 1999 年的 159.486 亿
m³ 减少到 2012 年的 130.034 亿 m³,总用水量减少了 15%。而
河南省的农田有效灌溉面积却从 1999 年的 4648.78 千公顷提高
到 2012 年的 5205.63 公顷,总灌溉面积增加了 11.98%,由此可
见,河南省的农业用水效率在提高。河南省农田用水各地区差异
较大。由图 3-2 可知,豫北、豫东基本各占三分之一,而豫西地区
农业用水只占 8% 左右,豫西、豫南加起来不足三分之一。

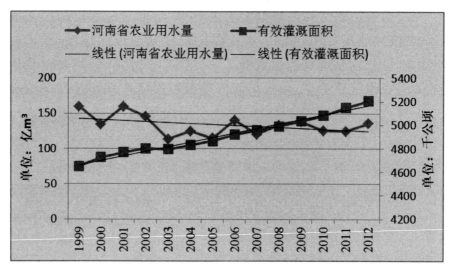

图 3-1 河南省农业用水量和有效灌溉面积的变化对比

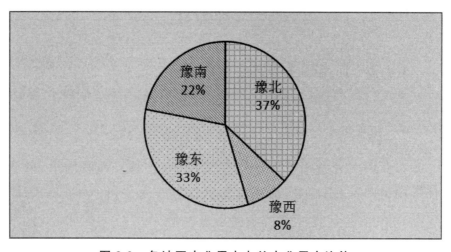

图 3-2 各地区农业用水占总农业用水比值

二、工业用水分析

工业用水指的是工业生产过程所用的水量。包括原料用水、动力用水、冲洗用水和冷却用水等方面。从 1999—2012 年《河南省水资源公报》数据资料可以看出(图 3-3),工业用水随着工业产值的增加呈上升趋势,从 1999 年的 40.402 亿 m³ 增加到 2012 年的 60.512 亿 m³,年均递增 2.93%。但不是逐年递增,一方面伴随着工业产业发展产值增加而导致工业用水需求量的增加,但另一方面,由于产业结构调整和优化,节水技术的提高和控制性用水政策的出台,对一些用水浪费严重的小型工业企业加以取缔,减少了用水量,这两方面综合作用使得年工业用水量呈螺旋式增加趋势。从图 3-3 可以看出,工业用水量的增幅和工业增加值的增幅相比要小。按当年价格计算,工业增加值从 1999 年的 1729.29 亿元增加到 2012 年的 15017.56 亿元,年均增长幅度为 16.70%。扣除通货膨胀因素,按照 1999 年可比价格计算,工业增加值从 1999 年的 1729.29 亿元增加到 2012 年的 10301.53 亿元,年均增长幅度为 13.60%。按当年价格计算,万元工业增加值用水量从 1999 年的 233.63m³ 降低到 40.29m³,呈现逐年减少的趋势。工业用水在总用水量的比重从 1999 年的 17.68% 增加到 2012 年的 25.36%,呈现逐年增加的趋势。各地区用水在总用水量中所占比重是有差别的。按照 1999—2012 年的工业用水量平均值比较(图 3-4),比重最大的是豫东地区,占到全省的 30%,其次是豫北和豫南,各占 24%,豫西地区占 22%。

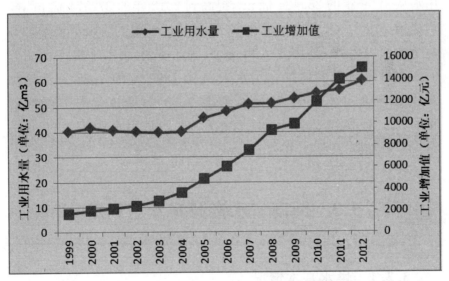

图 3-3　1999—2012 年工业逐年用水量和工业增加值对比图

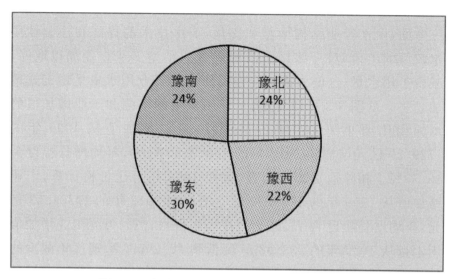

图 3-4　各地区工业用水占总工业用水比值

三、生活用水分析

生活用水包括城镇居民生活用水和农村居民生活用水。生活用水从 1999 年的 28.484 亿 m³,提高到 2012 年的 37.471 亿 m³,年均递增 1.98%,低于工业用水的递增率。导致生活用水量增加有两个方面因素,一是用水人口增加,另一是生活水平提高而引起的人均日用水量的增加。用水人口从 1999 年的 9387 万人增加到 2012 年的 10543 万人,年均递增 0.83%;城镇化水平从 1999 年的 22% 提高到 2012 年的 42.4%。人均日用水量从 1999 年的 241m³ 增加到 2012 年的 253.9m³。

3.3　河南省水资源开发与利用

3.3.1　供水基本情况

河南省开发利用的水有当地产出的地表水、地下水和入过境水,由于水资源贫乏,而河南省广大平原区地下水资源又比较丰富,所以在供水量中地下水占很大比重。从 1999—2012 年供水情况(表3-3)数据可以看出,近 14 年平均供水量为 218.53 亿 m^3,其中地表水供水 88.59 亿 m^3,地下水供水 129.56 亿 m^3,这两者分别占到供水量的 40.54％和 59.28％,剩下不足 0.2％约有 0.38 亿 m^3 是雨水、污水的利用。由表可以看出,从 1999 年到 2012 年,地表水和地下水供水量都有所增加,但占总供水量的比重相对稳定。大部分地区的用水需要对其天然来水过程进行调蓄后才能满足要求,但受多种因素影响,目前蓄水过程对天然径流的调蓄能力还较低。部分地区的供水结构也不尽合理,供水保障程度低。

表3-3 1999—2012 年供水情况

年份	供水量(亿 m^3)		占总量比(％)		年份	供水量(亿 m^3)		占总量比(％)	
	地表水	地下水	地表水	地下水		地表水	地下水	地表水	地下水
1999	98.6	129.701	43.14	56.74	2006	90.138	136.449	39.71	60.12
2000	87.533	117.106	42.73	57.16	2007	83.436	125.461	39.87	59.95
2001	96.246	134.998	41.61	58.37	2008	92.67	134.401	40.73	59.07
2002	84.06	134.71	38.42	61.56	2009	94.1949	138.8617	40.30	59.42
2003	73.906	113.651	39.39	60.58	2010	88.604	135.136	39.45	60.17
2004	81.352	119.303	40.53	59.44	2011	96.861	131.296	42.29	57.32
2005	72.256	125.479	36.53	63.44	2012	100.469	137.22	42.11	57.51

另外,由表3-4可以看出,省辖海河流域、黄河流域、淮河流域、长江流域地表水供水量平均每年占总供水量的 15.12％、25.48％、45.61％、13.79％;海河流域、黄河流域、淮河流域、长江流域地下水供水量平均每年占总供水量的 19.82％、20.28％、51.89％、8.01％。由此可见,按照省辖流域供水来源重要性进行排序,依次是淮河流域、黄河流域、海河流域和长江流域。

表 3-4 1999—2012 年省辖海河流域、黄河流域、
淮河流域、长江流域供水情况

年份	地表水（亿 m³）				地下水（亿 m³）			
	海河	黄河	淮河	长江	海河	黄河	淮河	长江
1999	15.339	20.250	48.538	14.472	27.1	26.822	66.002	9.777
2000	12.992	18.092	42.892	13.557	24.689	25.796	57.948	8.674
2001	13.541	20.823	46.616	15.266	25.684	28.013	70.381	10.919
2002	13.87	21.94	36.68	11.56	29.43	27.77	67.70	9.8
2003	10.132	18.199	34.314	11.261	26.718	29.080	50.424	7.429
2004	13.346	17.618	37.842	12.546	24.020	29.181	56.684	9.418
2005	11.868	18.278	31.977	10.133	26.011	29.337	60.714	9.417
2006	15.316	23.512	37.479	13.831	26.662	29.736	69.68	10.371
2007	15.59	22.268	32.232	13.346	26.176	25.678	64.031	9.576
2008	13.969	24.603	41.675	12.422	25.693	24.263	73.596	10.85
2009	13.249	26.403	42.038	12.505	26.356	24.099	76.339	12.068
2010	12.142	27.43	38.501	10.532	24.401	22.864	75.954	11.917
2011	12.796	28.009	45.901	10.155	22.661	21.831	74.551	12.253
2012	13.352	28.597	49.026	9.493	23.967	23.281	77.083	12.889
年均	13.393	22.573	40.408	12.220	25.683	26.268	67.221	10.383
比重	15.12%	25.48%	45.61%	13.79%	19.82%	20.28%	51.89%	8.01%

表 3-5 1999－2012 年年均各区域不同水源供水情况

区域	总供水量（亿 m³）				
	地表水	地下水	合计	地表水占比	地下水占比
豫南	28.683	20.647	49.33	58.15%	41.85%
豫北	27.601	40.659	68.26	40.44%	59.56%
豫东	19.184	54.339	73.523	26.09%	73.91%
豫西	13.127	13.911	27.038	48.55%	51.45%
合计	88.595	129.556	218.151	40.61%	59.39%

由于区域水资源条件和自然条件的差异,不同区域供水的水源情况是区别的。从不同区域水源供水情况分析(表 3-5),总体是豫南主要以地表水供水为主,而豫北和豫东、豫西平原则以地下水供水为主。其中,豫东地区地下水供水占据绝对主导地位,占总供水量的 73.91%,这种不合理的开发利用会对水环境造成很多问题。如浅层地下水短缺、浅层地下水体遭受污染、地下水超采潜伏地质灾害隐患甚至威胁到社会经济可持续发展。

3.3.2 水资源利用程度分析

根据水资源量和供用水计算结果,并考虑跨流域调水、引用入过境水、水库蓄水变量及地下水补给量、地下水储蓄变量、平原河川基流排泄量等因素影响,对河南省 1999—2012 年地表水控制利用率、水资源总量利用消耗率及平原区浅层地下水开采率进行估算,如表 3-6 所示,河南省地表水控制利用率从 47.6% 降到 28.4%,水资源总量利用消耗率从 54.8% 降为 41.6%,平原区浅层地下水开采率从 67.7% 提高到 72.9%。

表3-6　1999—2012年河南省水资源利用程度对比

年份	地表水控制利用率（%）	水资源总量利用消耗率（%）	平原区浅层地下水开采率（%）	年份	地表水控制利用率（%）	水资源总量利用消耗率（%）	平原区浅层地下水开采率（%）
1999	47.6	54.8	67.7	2006	26	37.5	62.2
2000	16.3	15.3	38.4	2007	15.8	22.9	69.3
2001	38	55.5	59.1	2008	22.1	26.6	73.8
2002	27.4	35.8	64.5	2009	27.7	30.8	83.6
2003	11.7	13.5	39.4	2010	16.5	19.8	76.1
2004	17.3	25.4	63.8	2011	30	33.6	71.7
2005	12.7	18.6	70.3	2012	28.4	41.6	72.9

3.3.3　水资源开发利用中存在的问题

　　整体而言,河南省水资源比较短缺,经有关水资源量供需平衡分析,发现河南省现状50%年份缺水,因此,水资源短缺将成为制约河南省社会经济发展的重要瓶颈。

　　水资源短缺之所以产生,主要原因在于:一是水资源分布不均和年际变化大。河南省水资源时空分布不均,地表径流年际年内变化大,丰水年和干旱年降雨量相差甚远,年降雨量的60%～75%分配集中于汛期。而且水资源空间分布并不均匀,南多北少。其中,豫南地区信阳和驻马店地区水资源较为丰裕,豫北地区和豫中地区缺水状况较为严重。由于地表水资源供水不足,河南省地下水开发利用程度较高(部分地区高达60%～70%),特别是部分城镇地区,地下水超采严重,致使一些地区出现面积不等和深度不等的漏斗区,个别严重的地区甚至产生地面下陷开裂的地质环境问题。二是水环境严重恶化。河南省水环境存在严重恶化的问题,由于工业化发展和城镇化进程加快,工业生产耗水量较大,工业废水排放和生活污水排放量增加迅速,但污水排放设施建设滞后,致使水污染突出,据有关统计,河南省大部分地区水环境几乎没有容量,水体中的水污染物特别是化学需氧量超标几十倍甚至上百倍。三是水资源管理体制较为落后。水资源管理技术较为落后,信息化建设滞后,水价总体偏低,水资源浪费现象较为严重。

在水资源短缺的情况下,河南省水资源开发利用中也存在一些问题,主要体现为:一是多态用水之争严重,但用水效率较低。随着工业化和城镇化的演进,工业用水和城镇生活用水不断增加,农业用水比例不断下降。多态用水之争主要体现为农业用水和工业用水之争。但现有农业用水和工业用水效率并不高。以农业用水为例,据有关统计,各大灌区渠系水利用率仅有 0.328,井灌区 0.65,提水站 0.556,加上田间流失的水,农田灌溉用水中大约有 1/2 的水被浪费掉。在这种背景下,如何提高有限的农业用水的用水效率和工业用水效率,就成为一个十分重要的问题。二是水利工程设施建设滞后,现有水利工程利用率有待提高。农村水利工程和城镇工业与生活污水排放设施建设滞后,即使是现有的水利工程,工程老化失修与配套不完善、管理理念落后导致其工程效益欠佳。

本章小结

河南省水资源极度缺乏,分属长江、淮河、黄河、海河四大流域,全省河流众多,由于人类活动的原因,近十几年来,降水偏少。从区域水源供应分布情况来看,水资源紧缺而且开发利用程度又特别高的地区,如豫北、豫东地区,地表水减少更为严重。水资源的区域分布、用水量的区域分配、流域分布也并不对称。豫北、豫东农业用水、工业用水较多。部分地区的供水结构不尽合理,供水保障程度较低。从当地水资源来看,豫南主要以地表水供水为主,而豫北和豫东、豫西平原则以地下水供水为主。考虑跨流域调水、引用入过境水、水库蓄水变量及地下水补给量、地下水储蓄变量、平原河川基流排泄量等因素影响后,河南省地表水控制利用率和水资源总量利用消耗率有所下降,平原区浅层地下水开采率则趋于上升。

第4章　河南省水资源承载力研究

4.1　水资源承载力的界定与研究

4.1.1　水资源承载力的界定

承载力(Carrying Capacity)最早是 Park & Burgess(1921)在生态学的研究基础上提出的,其界定承载力为"某区域在特定环境条件下可持续维持某个个体存在数量的最高限"[①]。联合国教科文组织在 20 世纪 80 年代提出了"资源承载力"的概念,即认为资源承载力是"某个国家或区域的资源承载力在既定时间内,在遵循社会文化准则的物质水平前提下,综合利用本地自然资源、能源、技术与智力条件,所能维持和供养的人口总数"[②]。随着经济的发展,资源环境问题开始变得更加突出,承载力的研究开始广泛适用于各种资源环境领域。环境承载力、资源承载力、土地资源承载力、水资源承载力等等有关承载力的提法应运而生。

目前关于水资源承载力研究的文献很多,水资源承载力作为一个专业名词,已被广泛应用于某一区域特别是缺水地区的工业、农业、城市乃至整个地区的可持续发展研究,然而对于水资源

---

① Park R F,Burgess E W. An Intoduction of the Science of Sociology[M]. Chicago,1921.

② UNESCO,FAO. Carring capacity assessment with a pilot study of Kenya:a resource accounting methodology for sustainable development [M]. Paris and Rome,1985.

承载力的定义,目前国内文献并没有一个统一的定义。如施雅风(1992)等认为:水资源承载力是指某一地区水资源在不破坏社会生态系统时,能承载的最大经济能力(包括农业、工业、城市)等,其随着科学、技术、经济的发展而变化。许有鹏(1993)认为,水资源承载力是在既有条件下水资源最大程度供给农业、生活和生态环境保护等用水的能力。贾嵘(1998)认为,水资源承载力是"在一个地区或流域的范围内,在具体的发展阶段和发展模式下,当地水资源对该地区经济发展和维护良好的生态环境的最大支撑能力"。张丽、董增川(2003)认为,水资源承载能力是"在一定的社会技术经济阶段,在水资源总量的基础上,通过合理分配和有效利用所获得的最合理的社会、经济与环境协调发展的水资源开发利用的最大规模或在一定经济技术水平和社会生产条件下,水资源可供给工农业生产、人民生活和生态环境保护等用水的最大能力,也即水资源的最大开发容量"。佘思敏、胡雨村(2013)认为,在生态城市的构建目标下,水资源承载力是某一区域的可用水资源在某一时间节点,按现有技术与规划,在满足生态城市各项指标的前提下,能够支持的最大人口和经济规模。田静宜、王新军(2013)认为,水资源承载力是在某一特定历史发展阶段,在一定经济社会和技术发展水平条件下,以维持生态系统和社会经济系统可持续发展为原则,经过合理配置,该区域水资源系统能够支持的合理社会经济规模,等等。

由上可知,水资源承载力概念的界定很多,但迄今为止仍是一个外延模糊、内涵混沌的概念,对其概念界定仍存在一定的分歧和不足,但从其含义来讲,至少应包括以下几个方面。

第一,水资源承载力的主体是水资源,客体是人类及生存的社会经济系统和环境系统,或更广泛的生物群体及其生存需求。

第二,水资源承载力具有空间属性和时间属性,是针对某一阶段的某一区域而言的,因此,不同时段内不同区域的社会、经济、科技发展水平以及人均对水资源的需求量可能会有差异。

第三,承认水资源系统与社会经济系统、生态环境系统共生共荣关系,应把所有这些系统联合起来界定水资源可承载条件的最大规模。

4.1.2　水资源承载力研究

水资源是一种可恢复和可更新的再生自然资源,是自然生物环境和社会经济持续发展的基础支持系统之一,水资源的可持续利用,既能保证生态环境良性循环所需的淡水资源,又能保证社会经济、水资源和生态环境的协调发展。对水资源承载能力(Carrying Capacity of Water Resources)的评价,有助于水资源可持续开发利用和综合规划,对社会经济、水资源和生态环境的协调发展具有重要的意义。因此,关于水资源承载能力的评价研究近期得到较快发展,黎枫、陈亚宁等(2010)采用集对分析和熵权法,从社会经济、水资源和生态环境三方面构建水资源可持续利用评价指标体系,研究了塔里木河三源流地区的水资源可持续利用情况。陈南祥、王延辉(2007)采用熵权和模糊综合方法评价了南水北调中线工程河南省受水区水资源可持续承载力情况。田静宜、王新军等(2013)用熵权模糊物元模型分析了甘肃民勤县作为干旱区的水资源承载力情况。吴琼(2013)用因子分析法分析了青海省水资源承载力情况。总之,水资源的综合评价的研究成果主要集中在水资源承载力的定义、水资源承载力评价指标体系的选择和水资源评价模型和方法的研究等。

分析这些文献和定义,我们可以看出,20世纪以来,在人口膨胀、工农业用水猛增而出现的水资源紧缺以及水环境污染日益严重并且严重威胁到人类自身的生存情况下,"水资源承载能力"的概念是伴随着可持续发展理念的产生以及人们在对社会可持续发展与水环境相互关系有了深刻认识基础上提出的。水资源承载能力与其他承载力一样,是自然资源承载能力的一部分。

从诸多文献对水资源承载力的定义也可以看出，对水资源承载力的综合评价涉及经济、社会、资源环境等各个方面，由于不同时期不同地区自然条件、水资源条件、社会经济系统和生态环境各不相同，使得水资源承载力具有复杂性、时效性和不确定性，因此，每一种方法都各有其优点和不足。由于集对分析是研究确定性与不确定性的分析方法，具有概念明确、计算简便和信息全面的优点，本部分用集对分析对河南省水资源承载力进行综合评价。

4.2　集对分析的基本原理和研究步骤

4.2.1　集对分析的基本原理

集对分析（Set Pair Analysis）理论是我国学者赵克勤于 1989 年提出的一种研究客观事物之间确定性与不确定性联系的系统方法，已广泛应用于政治、经济、军事、社会生活等各个领域。所谓集对，是指将具有一定联系的两个集合组成一个对子，通常表示为 $H(A,B)$。它的核心思想是在一定的问题背景下，对所涉及的两个集合所具有的特性从同、异、反 3 个角度进行分析，并用联系度描述两个集合的关系：

$$\mu = \frac{S}{N} + \frac{F}{N}i + \frac{P}{N}j = a + bi + cj \tag{4-1}$$

其中，$a+b+c=1$，且 $a \geqslant 0, b \geqslant 0, c \geqslant 0$。式中，$N$ 表示集对特性总数，$N=S+F+P$，S 表示集对相同的特性数，P 表示集对中相反的特性数，F 表示集对中既不相同又不相反的特性数，i 表示差异度标示数，$i \in [-1,1]$，j 表示对立度标示数，一般 $j=-1$。易知，$\mu \in [-1,1]$，a、c 相对确定，b 相对不确定，是联系度。$\mu = a + bi + cj$ 又称三元联系数。

4.2.2　研究步骤

设有 M 个评价对象 $A_0 = (a_1, a_2, \cdots, a_m, \cdots, a_M)(m = 1, 2, \cdots, M)$，$N$ 个评价样本指标 $X = (x_1, x_2, \cdots, x_n, \cdots, x_N)(n = 1, 2, \cdots, N)$，它们构成 M 个对象关于 N 个指标的评价矩阵 $R = (r_{nm})_{N \times M}$。设有 U 级评价标准，N 个指标的第 $u(u = 1, 2, \cdots, U)$ 级评价标准构成集合 B_u，采用集对分析法时，如果评价矩阵中元素落入第 u 个评价级别中，则认为是相同的，若落入 u 的相邻级别中，则认为是相异的，若落入相隔级别中，则认为是相反的。计算集合 X 中的指标实测值系列与 B_u 中每一个等级的联系度构成集对 $SP_u = (X, B_u)$。由于不同地区的资源环境承载能力处于同一级别中，也会因评价指标数值的差异，而使资源环境承载能力有所不同，因此，需要更精确地计算同异反联系度。本部分采用三角隶属函数的方法来确定联系度 a, b, c 的值。若指标值处于评价级别中，则 c 为 0，越靠近本评价指标值，a 越大，反之 b 越大；若指标值处于相邻级别中，则 a 为 0，越靠近相邻的评价标准，则 b 越大，反之 c 越大；若指标值处于相隔的评价级别中，则 a, b 为 0，c 为 1。

由于资源环境承载力指标有正指标（效益型指标，指标值越大越好）和负指标（成本型指标，指标值越小越好），两者的联系度算法不一样。设正指标的联系度算法公式为：

$$
\mu_n = \begin{cases}
1 + 0i_1 + 0i_2 + \cdots 0i_{k-2} + 0j ; (x_n \geqslant s_1) \\[2mm]
\dfrac{x_n - s_2}{s_1 - s_2} + \dfrac{s_1 - x_n}{s_1 - s_2} i_1 + 0i_2 + \cdots + 0i_{k-2} + 0j ; (s_2 \leqslant x_n \leqslant s_1) \\[2mm]
0 + \dfrac{x_n - s_3}{s_2 - s_3} i_1 + \dfrac{s_2 - x_n}{s_2 - s_3} i_2 + \cdots + 0i_{k-2} + 0j ; (s_3 \leqslant x_n \leqslant s_2) \\[2mm]
\cdots \\[2mm]
0 + 0i_1 + 0i_2 + \cdots + \dfrac{x_n - s_k}{s_{k-1} - s_k} i_{k-2} + \dfrac{s_{k-1} - x_n}{s_{k-1} - s_k} j ; (s_k \leqslant x_n \leqslant s_{k-1}) \\[2mm]
0 + 0i_1 + 0i_2 + \cdots + 0i_{k-2} + 1j ; (x_n < s_k)
\end{cases}
$$

$$(4-2)$$

式中，$s_1 > s_2 > \cdots > s_{k-1} > s_k$。

负指标的联系度算法公式为：

$$\mu_n = \begin{cases} 1 + 0i_1 + 0i_2 + \cdots + 0i_{k-2} + 0j\,;\,(x_n \leqslant s_1) \\[2mm] \dfrac{s_2 - x_n}{s_2 - s_1} + \dfrac{x_n - s_1}{s_2 - s_1}i_1 + 0i_2 + \cdots + 0i_{k-2} + 0j\,;\,(s_1 < xn \leqslant s_2) \\[2mm] 0 + \dfrac{s_3 - x_n}{s_3 - s_2}i1 + \dfrac{x_n - s_2}{s_3 - s_2}i_2 + \cdots + 0i_{k-2} + 0j\,;\,(s_2 < x_n \leqslant s_3) \\[2mm] \cdots \\[2mm] 0 + 0i_1 + 0i_2 + \cdots + \dfrac{s_k - x_n}{s_k - s_{k-1}}i_{k-2} + \dfrac{x_n - s_{k-1}}{s_k - s_{k-1}}j\,;\,(s_{k-1} < x_n \leqslant s_k) \\[2mm] 0 + 0i_1 + 0i_2 + \cdots + 0i_{k-2} + 1j\,;\,(x_n > s_k) \end{cases}$$

(4-3)

式中，$s_1 < s_2 < \cdots < s_{k-1} < s_k$。

在两个公式中，μ_n 为联系度，x_n 为指标的实际值，s_k 为第 k 个级别的标准。同级别 N 个指标的联系度数加权和即为该级别的综合联系度值。

$$\mu_u = \sum_{n=1}^{N} \omega_n \mu_n,\,(u = 1, 2, \cdots, U) \qquad (4\text{-}4)$$

式中，ω_n 为第 n 个指标的权重，并有 $\sum_{n=1}^{N} \omega_n = 1$，(n = 1, 2, \cdots, N)。在系统所在等级时，采用置信度准则判断样本所属的等级。即所处级别 $u_0 = \min\{u: \sum_{l=1}^{u}(w_1 a + w_2 b_1 + \cdots + w_l b_{u-2} + w_u c_u)\}$，则认为 x 属于 U 类。该准则认为越"强"越好，而且"强"的类应当占相当大的比例。λ 为置信度，取值范围通常为 [0.5, 1]，一般取 0.5 与 0.7 之间，本部分取 0.6。

4.3 河南省水资源承载力的实证研究

4.3.1 评价指标选取与测度结果分析

由于水资源承载能力至今没有完整的评价指标体系，但随着水资源可持续利用研究的不断深入,已有很多关于评价指标体系建立的研究。[①] 根据相关研究资料,按照评价指标的可测性、可靠性及充分性原则,考虑水资源与社会经济、生态环境的关系和研究区的特殊情况,本部分从社会经济条件、水资源条件和需水用水条件 3 个系统选取 12 项评价指标构建了评价指标体系,制定了 3 级评价标准。具体指标如表 4-1 所示。

表 4-1　城市水资源承载力评价指标及标准

子系统		评价指标	水资源承载力评价标准			权重 (w_n)
			较可载 I	基本可载 II	弱可载 III	
社会经济条件 C1	X_1	GDP 增长率/%	4.5	9.5	14.5	0.017
	X_2	人均 GDP/元	3000	6000	10000	0.082
	X_3	人口自然增长率%	2	5	10	0.056
水资源条件 C2	X_4	人均水资源量/m³/人	5000	3500	1750	0.134
	X_5	水资源利用率/%	20	40	60	0.110
	X_6	人均供水量/m³/人	3500	2500	1250	0.061
	X_7	供水模数/10^4 m³·km^{-2}	10	35	60	0.083
	X_8	人均日生活用水/L/人·天	35	70	100	0.125
需水用水条件 C3	X_9	水重复利用率%	80	70	50	0.050
	X_{10}	万元 GDP 用水量/m³/万元	120	200	400	0.083
	X_{11}	万元 GDP 废水排放量/t/万元	15	20	25	0.074
	X_{12}	万元工业产值需水量/m³/万元	50	100	150	0.108

[①]　如刘恒,耿雷华,陈晓燕(2003)和王友贞,施国庆,王德胜(2005),陈南祥,王延辉(2007)和黎枫,陈亚宁,李卫红,孟丽红(2010)等。

续表

子系统		评价指标	水资源承载力评价标准			权重（w_n）
			较可载 I	基本可载 II	弱可载 III	
社会经济条件 C1	X_{13}	污水集中处理率/%	60	40	20	0.017

注：表中各项指标评价标准制定参照相关研究资料以及研究区水利发展规划。

由于在技术不变的条件下，GDP 及人口的增长会消耗更多的水资源，因此，在本部分中，GDP 增长率、人均 GDP、人口增长率、供水模数、万元 GDP 用水量、万元 GDP 废水排放量、万元工业产值需水量是逆指标（指标越小越好），其他是正指标（指标越大越好）。权重的确定是水资源可持续利用评价的又一关键，常见方法有主观赋权法和客观赋权法。主观赋权法主要包括专家打分法、层次分析法等，主要特点是由决策分析者根据各指标的主观重视程度赋权，人为因素影响较多。客观赋权法主要包括熵权法、主成分分析法、因子分析法等，主要特点是根据指标的实际信息的客观运算后再进行赋权，消除了人为主观因素的影响，结果更为客观。本部分采用的是客观赋权的变异系数法，计算结果见表 4-2。

根据表 4-1 的评价指标体系，利用《河南省统计年鉴（2013）》和《中国城市统计年鉴（2013）》等统计资料，得到 2012 年有关指标数据，并初步得知，河南省各指标数据隶属于 II、III 级者居多，由此可以基本判定河南省的水资源环境承载状况不容乐观。根据各评价指标的实际值，按照公式（4-2）、（4-3）的联系度表达式计算各评价指标等级的联系数，再由置信度准则可得出资源环境综合承载力所属级别，见表 4-2。依照同样的置信度准则判断方法可以计算社会经济系统指数、水资源条件系统指数、需水用水 3 个子系统指数对不同评价级别的联系度数所属级别，计算结果见表 4-3。

表 4-2　河南省水资源承载力综合评价判断结果

地区	$\sum_{n=1}^{N} w_n a_n$	$\sum_{n=1}^{N} w_n b_n$	$\sum_{n=1}^{N} w_n c_n$	λ	级别	地区	$\sum_{n=1}^{N} w_n a_n$	$\sum_{n=1}^{N} w_n b_n$	$\sum_{n=1}^{N} w_n c_n$	λ	级别
郑州	0.363	0.116	0.539	0.6	Ⅲ	许昌	0.365	0.115	0.539	0.6	Ⅲ
开封	0.309	0.242	0.467	0.6	Ⅲ	漯河	0.375	0.110	0.534	0.6	Ⅲ
洛阳	0.429	0.175	0.414	0.6	Ⅱ	三门峡	0.497	0.120	0.401	0.6	Ⅱ
平顶山	0.351	0.255	0.412	0.6	Ⅱ	南阳	0.561	0.169	0.288	0.6	Ⅱ
安阳	0.464	0.152	0.402	0.6	Ⅱ	商丘	0.538	0.084	0.396	0.6	Ⅱ
鹤壁	0.325	0.233	0.460	0.6	Ⅲ	信阳	0.468	0.149	0.400	0.6	Ⅱ
新乡	0.266	0.253	0.499	0.6	Ⅲ	周口	0.322	0.226	0.471	0.6	Ⅲ
焦作	0.296	0.303	0.419	0.6	Ⅲ	驻马店	0.493	0.095	0.430	0.6	Ⅲ
濮阳	0.360	0.238	0.420	0.6	Ⅲ	济源	0.369	0.164	0.486	0.6	Ⅲ

表 4-3　　河南省各地级市各子系统水资源环境承载力评价结果

地区	C1	C2	C3	C	地区	C1	C2	C3	C
郑州	Ⅲ	Ⅲ	Ⅰ	Ⅲ	许昌	Ⅲ	Ⅲ	Ⅰ	Ⅲ
开封	Ⅲ	Ⅲ	Ⅱ	Ⅲ	漯河	Ⅲ	Ⅲ	Ⅰ	Ⅲ
洛阳	Ⅲ	Ⅲ	Ⅰ	Ⅱ	三门峡	Ⅲ	Ⅲ	Ⅰ	Ⅱ
平顶山	Ⅲ	Ⅲ	Ⅰ	Ⅱ	南阳	Ⅲ	Ⅲ	Ⅰ	Ⅱ
安阳	Ⅲ	Ⅲ	Ⅰ	Ⅱ	商丘	Ⅲ	Ⅲ	Ⅰ	Ⅲ
鹤壁	Ⅲ	Ⅲ	Ⅰ	Ⅲ	信阳	Ⅲ	Ⅲ	Ⅰ	Ⅲ
新乡	Ⅲ	Ⅲ	Ⅰ	Ⅲ	周口	Ⅲ	Ⅲ	Ⅱ	Ⅲ
焦作	Ⅲ	Ⅲ	Ⅰ	Ⅲ	驻马店	Ⅲ	Ⅲ	Ⅰ	Ⅲ
濮阳	Ⅲ	Ⅲ	Ⅰ	Ⅲ	济源	Ⅲ	Ⅲ	Ⅰ	Ⅲ

从计算结果来看,河南省水资源环境承载力所属级别以Ⅱ、Ⅲ级居多,水资源环境承载力的状况不容乐观。在各个子系统中,社会经济系统所属级别为均为Ⅲ;水资源系统所有城市除南阳属于Ⅱ之外,其他所属级别均为Ⅲ;需水用水条件系统除开封、周口所属级别为Ⅱ外,其他均为Ⅰ。总承载力级别为Ⅰ、Ⅱ、Ⅲ的城市数目分别为0、7、11。这表明随着经济的增长(2012 年 GDP平均增速为 10.1%)以及工业化进程的加速,河南省在社会经济方面取得了较好的发展,但是在水资源供给、环境保护方面压力却也凸显。换句话说,河南省在现阶段水资源利用效率逐步提高,但是却面临着水资源紧缺、水资源重复利用率有待提高的局面,这种资源利用方式对资源承载压力也相对明显。由于经济社会的快速发展,河南省的城市垃圾污染较大,工业三废排放量大,水资源紧缺、耕地面积减少,给经济区水资源环境承载力带来了威胁。

4.3.2　结论与启示

水资源承载力的计算方法有很多,本部分基于集对分析和置信度准则相结合的方法的评价结果准确可靠,科学直观,可操作性强,评价结果不仅能反映水资源承载状况,还能反映对各评价等级的隶属情况,能较好地应用于水资源承载评价。

水资源环境是一个复杂的大系统,水资源承载力状况的优劣不仅受水资源开发与供给、水资源容量等指标所影响,还与人类活动及社会经济均有紧密联系,因此,为实现区域水资源的可持续利用和较好承载,必须实现社会经济、水资源条件和需水用水条件 3 个子系统的均衡发展,对于制约社会经济—水资源—需水用水条件复合系统协同发展的因素,可以采取一些具体的调整措施,从而实现区域水资源的可持续利用和较好承载。

(1)改造现有水利设施,适当兴建新的供水工程,提高水资源利用率。这一点在水资源紧缺性表现得比较突出的河南省尤为重要,也充分说明了南水北调中线工程的重要性。

(2)提高水资源利用效率是关键。河南省水资源开发利用程度较高,水资源紧缺及承载力不容乐观。在现有水资源存量无法改变的情况下,提高水资源承载力的关键就是提高水资源利用效率,优化产业结构,发展节水农业和高效农业,提高工业用水效率和水资源的重复利用率等。利用差异化水价提高人们的节水意识,同时严格控制对地下水的过度开采和污染。

(3)运用虚拟水贸易战略缓解水资源危机和优化水资源配置。虚拟水贸易战略可有效缓解水资源短缺危机,在不破坏河南省粮食安全的前提下,适当压缩高耗水的水资源密集型产品,从富水国家或地区购进水资源密集型产品来对该区水资源进行补偿,缓解自身的水资源压力和生态压力,提高水资源配置效率。

本章小结

　　针对河南省存在的水资源紧缺、生产生活需水与水资源供给矛盾、生态与水环境压力较大等问题,运用基于置信度准则的集对分析法,把社会经济、水资源条件、需水用水条件 3 个系统 13 个指标对水资源承载力的影响分为 3 个等级,对河南省各区域的水资源承载力进行了评价。结果表明河南省各城市水资源承载力所属级别以Ⅱ、Ⅲ级居多,承载力不容乐观。原因在于河南省经济社会快速发展、城市垃圾污染较大、工业三废排放量大、水资源紧缺、水资源重复率低等方面。因此,提高水资源利用效率是增强水资源承载力的关键,还可运用虚拟水贸易战略等措施提高水资源配置效率和缓解水资源紧缺危机。

第 5 章　河南省水资源与社会经济发展协调研究

5.1　水资源与社会经济发展的互动协调关系与现状

5.1.1　水资源与社会经济发展的互动协调关系

为保持水资源和生态环境的自平衡性和可再生性,促进社会经济的可持续发展,在生态环境保护与社会经济发展之间确定合理的平衡点就显得十分重要。水资源与社会经济之间的协调至关重要。其协调关系主要体现在以下几个方面。

第一,人类可利用水资源的有限性及其对社会经济活动的约束性。人类可利用的水资源及其承载力也是有限的,因此,社会经济发展及对水资源的开发利用也只能在一定的范围和程度内进行。

第二,水生态环境与社会经济是相互依存和相互作用的,社会水循环构成了社会经济系统下的水生态环境,水生态环境是社会经济发展的要素和基础,良好的水生态环境保障了人类社会生产力的可持续发展。而社会经济效益的提高和目标的实现又为水资源可持续利用提供了资金、技术和物质支持。反之,如果过量开采水资源和水资源利用方式不当造成水污染反过来又会制约社会经济可持续发展。

第三,水资源生态环境和社会经济的协调发展是稳定性和可变性的统一。在社会经济发展的不同时期和不同阶段,社会经济发展与生态环境保护之间的平衡点是不同的。自然循环和技术条件约束了区域内的水生态阈值,在给定的经济发展的规模和能力内,社会经济和生态环境的平衡具有稳定性。自然循环、技术条件和认识能力提升,水生态环境所能承载的社会经济规模和能力会有所提升。因此说社会经济和生态环境的平衡具有可变性。

5.1.2　河南省水资源与社会经济发展的现状

水资源是基础性的自然资源和战略性的经济资源,也是生态与环境的控制性要素,探索出一条不以牺牲农业和粮食、生态和环境为代价的"三化"协调科学发展是中原经济区发展的主线,同样也是河南省发展的主线。而农业和粮食、生态和环境均离不开充足的水资源的保障和支撑。现实的情况是,河南省缺水状况严重。河南省属于全国极度缺水地区之一。这种水资源极度紧缺的背景为用水效率提出了更高的要求。我们以河南省的用水情况和经济发达地区上海市作对比,水资源利用和水污染指标可以用万元 GDP 用水量和万元工业产值工业废水排放量来表示。2001 年,万元 GDP 用水量上海市为 214.7m^3,河南省为 410.1m^3,万元工业产值工业废水排放量上海市为 28.86m^3,河南省为 50.5m^3。2012 年,万元 GDP 用水量上海市为 65.8m^3,河南省为 83.4m^3,万元工业产值工业废水排放量上海市为 6.2m^3,河南省为 9.8m^3。由此可以看出,河南省的用水效率和水污染情况有所提高,但相对于发达地区,用水效率仍待改善。

5.2　河南省水资源与社会经济发展协调性实证分析

5.2.1　评价指标与计算方法

一、评价指标

水资源开发利用和经济增长方式密切相关,从经济的未来发展和世界整体水资源形势来看,水的问题已经成为经济发展的瓶颈和关键。我们选择一些指标用来分析水资源与社会经济的协调度,指标选取力求科学性、综合性、简洁性和可靠性。结合河南省水资源开发利用的实际情况,从水资源量及其开发利用、区域社会经济发展和生态环境状况等 3 个方面选取了 6 个指标,分析河南省水资源与社会经济发展协调程度,鉴于指标数据的可比性,选择的指标均以人均量为基础,如表 5-1。①区域水资源条件性指标,选择人均水资源量和人均用水量两个指标来反映水资源条件及其利用情况。人均水资源量是区域发展的条件性和基础性指标。人均用水量可以反映区域人口的综合用水水平。因此,这两个指标可以作为区域水资源及其开发利用情况的指标。②区域发展性指标,选取人均 GDP、人均耕地面积和有效灌溉率。③生态环境保障性指标。生态环境状况是区域持续发展的一个重要方面,而水又是地球生命系统的重要组成部分,也是人类进行生产活动的重要资源,属于生态环境的控制性要素,因此,选取单位面积水资源量,即供水模数来反映水资源对生态环境的保障能力。

表5-1 河南省各地区水资源与社会经济协调度评价

地区	水资源利用率（%）	利用程度	人均GDP（元）	人均耕地面积（公顷）	有效灌溉率（%）	人均供水量（m³）	单位面积产水量（10^4m³/平方公里）	综合协调度	综合评价
郑州	191.52	高	56855	0.04	0.57	272.13	27.50	0.31	高开发不协调
开封	128.53	高	22972	0.08	0.74	262.45	21.95	0.32	高开发不协调
洛阳	35.38	中	41198	0.05	0.33	204.75	9.53	0.50	中开发不协调
平顶山	44.01	高	30227	0.06	0.62	189.32	13.04	0.43	高开发不协调
安阳	126.31	高	28806	0.07	0.72	213.77	16.90	0.26	高开发极不协调
鹤壁	138.67	高	31763	0.07	0.80	251.50	18.80	0.27	高开发不协调
新乡	121.86	高	26198	0.07	0.72	280.29	20.67	0.31	高开发不协调
焦作	120.06	高	40809	0.05	0.84	338.32	30.67	0.40	高开发不协调
濮阳	268.31	高	25066	0.07	0.80	400.77	38.82	0.40	高开发不协调

地区	水资源利用率（%）	利用程度	人均GDP（元）	人均耕地面积（公顷）	有效灌溉率（%）	人均供水量（m³）	单位面积产水量（10⁴ m³/平方公里）	综合协调度	综合评价
许昌	89.09	高	36924	0.07	0.68	159.02	15.66	0.27	高开发极不协调
漯河	83.70	高	29487	0.06	0.78	156.56	16.60	0.29	高开发极不协调
三门峡	17.23	高	46049	0.07	0.29	203.15	4.36	0.85	高开发弱协调
南阳	33.30	中	21590	0.09	0.46	189.49	8.53	0.53	中开发不协调
商丘	86.16	高	17779	0.08	0.84	159.44	13.74	0.29	高开发极不协调
信阳	62.32	高	20603	0.07	0.56	205.55	9.53	0.34	高开发不协调
周口	94.39	高	15734	0.08	0.69	156.29	16.09	0.30	高开发极不协调
驻马店	69.68	高	17396	0.1	0.58	167.63	9.01	0.30	高开发极不协调
济源	48.43	高	60429	0.05	0.49	301.03	10.60	0.41	高开发不协调

二、计算方法

以全国平均水平为参照基准,河南省各地区水资源与社会经济类指标协调度的计算公式为:

$$CI_i = WPCR_i / OPCR_i \qquad (5-1)$$

$$WPCR_i = WPC_i / WPC \qquad (5-2)$$

$$OPCR_i = OPC_i / OPC \qquad (5-3)$$

式中,CI_i 为协调度指标,$WPCR_i$ 为各地区人均水资源相对指数;$OPCR_i$ 为各地区社会经济指标和生态保障性指标相对指数;WPC_i 为地区人均水资源量。OPC_i 为社会经济指标;WPC、OPC 为全国人均水资源量和社会经济指标及生态环境保障性指标。

由于协调度指标以全国平均水平为参照基准,去除了量纲,因此,大的协调度值表示水资源对区域社会经济发展较强的支撑能力,并且协调度大于 1 和小于 1 分别表示某地区对社会经济发展支撑能力大于全国平均水平和小于全国平均水平。

5.2.2 协调度评价

由于水资源与社会经济发展协调度是个综合指数,因此需加权计算所选指标之间的协调度来反映某一区域水资源开发利用与社会经济发展的协调程度,各指标的权重可以根据其对水资源的依赖性和对社会经济的重要性进行赋值。鉴于区域经济发展在水资源和生态环境中的纲领性作用,区域经济发展指标取 0.5,其中人均 GDP 为 0.3,人均耕地面积和灌溉覆盖率各取 0.1,人均供水量从侧面反映了区域发展的水资源保障,因此取权重为 0.3。另外,生态环境对区域社会经济发展的影响深远,在此权重取 0.2。河南省各地区的水资源与区域社会经济发展各项评价指标的综合协调度可以由各项指标的相对指数加权计算得出,计算结果见表 5-1。

由于人工采取的节水和开源、工程措施(如南水北调工程的实施)和许多非工程措施(如以节水为目的的分段定价)等方面的影响使得区域性水资源的支撑能力具有相对弹性,从而可以在一定程度上提高水资源对社会经济的支撑能力。因此,结合对河南省的实际调查而确定的综合协调度的划分标准为:综合协调度小于 0.30 为极不协调,在 0.31～0.70 闭区间为不协调,在 0.71～0.9 闭区间为弱协调,0.9～1 为基本协调,大于 1 为协调,依据该标准可以对各地区的综合协调度进行划分,见表 5-1。并依据表 5-1 对河南省水资源与社会经济发展的协调度进行评价。在具体的评价过程中,以水资源的开发利用率作为参考指标,按国际通用标准,一个区域的水资源开发利用率不宜超过 30%,若超过 40% 就可能会引起生态危机。结合对河南省水资源利用的实际调查,对水资源开发利用程度划分的标准为:利用率小于 20% 为低开发利用区;利用率在 20%～40% 闭区间为中开发利用区;大于 40% 为高开发利用区。结果显示,全国 2012 年水资源利用率为 26.26%,略高于低开发利用区。在研究中所涉及的 18 个地级及以上城市中,2 个(洛阳市和南阳市)属于中开发利用区,其余 16 个城市全部属于高开发利用区。

通过对河南省水资源与社会经济协调程度进行评价发现,河南省水资源与社会经济协调程度不容乐观,在研究中所涉及的 18 个城市中,只有三门峡市和阜阳市处于弱协调状态。其余 16 个城市中,郑州市、开封市、洛阳市、平顶山市、新乡市、焦作市、濮阳市、南阳市、信阳市、济源市处于不协调状态,安阳市、鹤壁市、许昌市、漯河市、商丘市、周口市、驻马店市处于极不协调状态,而且可以很容易看出,河南省弱协调、不协调和极不协调地区水资源开发利用程度都已较高,继续开发的潜力不足。

5.2.3　基本结论与启示

一、基本结论

由上面分析可知,河南省大多数地区水资源都处于高、中开发且不协调状态。河南省水资源分布不均衡,与人口、土地和经济布局不相匹配。主要体现在:①农业用水保障程度较低。我国粮食需求呈刚性增长态势,但由于我国水资源短缺、人均耕地少、水土资源不匹配以及水权制度的缺失,农业用水权不够明晰且保障程度较低。②工业化伴随着污染。随着工业用水量的增加,工业废水排放量不断增加,由于排放标准和达标排放率较低,主要污染物入河排放量远远超过水域纳污能力,地表水水体、地下水含水层和近海水域都受到不同程度的污染。所以,用水竞争激烈和水污染加剧是工业化的两个副产品。因此,在水资源与区域经济协调发展这样的大背景要求下,应按照水与人口、经济、环境相协调的可持续发展的观念,搞好水资源开发利用保护的总体规划。河南省万元国内生产总值用水量和万元工业增加值用水量均呈显著下降趋势,农田实际灌溉亩均用水量总体上呈缓慢下降趋势,人均用水量基本维持在 $195 \sim 253\mathrm{m}^3$ 之间,这一效率的提高,有利于实现水与人口、经济、环境相协调的可持续发展。

从上面关于协调性的计算分析可以得出以下结论:

(1)相对于全国的水资源与社会经济发展指标来看,河南省属于水资源开发利用与社会经济发展极不匹配的地区。因此,河南省社会经济的发展必将考虑到水资源条件的制约因素。

(2)河南省水资源总量、人均水资源量、人均供水量均远远低于全国平均水平,属于缺水情况严重的地区,但同时存在着污染严重、工业用水效率偏低等一系列问题,如何在水资源条件制约下实现社会经济的可持续发展,必须引起高度重视。

(3)河南省作为一个 80% 的人口都依附于农业的大省,同时也是重工业的集聚地,由于其自身发展的这一特点,应该将治水重点放在农业节水及防治工业污染等项目上。

二、政策启示

鉴于以上几点结论,提出关于河南省水资源与社会经济协调发展的几点建议如下。

①加强水资源保障,采取措施进一步挖掘区域范围内水资源保障潜力在重水、惜水、护水、管水以及生产、生活、生态等各方面,充分考虑气候、水利建设、用水效率等变化情况,全面、动态、发展、前瞻性地分析河南省用水需求发展变化,进一步在区域范围内挖掘水资源保障潜力。

②推进水生态文明建设,严格水资源管理制度。加强水生态环境建设是《中原经济区规划》的重要内容,水生态文明是生态文明建设的资源基础。要从水资源空间分布优化、水资源节约、水生态修复、水环境提升等方面着手,完善严格的水资源管理制度,加快建设一批重点水土保持生态工程。

③采取各种措施节约用水和防止水污染,减少水资源的供需矛盾。如在农业上,对新建渠道进行防渗处理,从总体上减少水资源的损失和浪费。在工业上,尽可能减少高消耗、高污染、低效益类型的企业发展。采用水资源价格机制促使人们节约用水。从水资源节约使用和水污染防止方面齐头并进,减少水资源的供需矛盾,维护和改善水环境质量。

5.3　河南省社会经济发展与水资源互动关系

5.3.1　基于库兹涅茨曲线的经济发展与水资源利用关系

环境库兹涅茨曲线是 1991 年美国经济学家 Grossman 和 Kruger 针对北美自由贸易谈判中,美国人担心自由贸易恶化墨西哥环境并影响美国本土环境的问题,首次实证研究了环境质量与人均收入之间的关系,指出了污染与人均收入间的关系为"污染在低收入水平上随着人均 GDP 增加而上升,高收入水平上随人均 GDP 增加而下降"。1993 年 Panayotou 借用 1955 年库兹涅茨曲线界定的人均收入与收入不均等之间关系的倒 U 型曲线,首次

将这种环境质量与人均收入间的关系称为环境库兹涅茨曲线
（Environmental Kuznets Curve，简称 EKC 曲线）。

李周、包晓斌（2009）利用美国、日本、瑞典、荷兰四个发达国
家的用水总量数据与经济增长的时间序列数据探讨了水资源库
兹涅茨曲线是否存在的可能性，结果发现了随着经济发展水平的
不断上升，虽然以 GDP 度量的经济规模持续地扩大，但用水总量
却会趋于下降。其认为经济发展与水资源利用关系变化之所以
会呈现出倒 U 形曲线，原因在于：①技术改进降低了农业和工业
用水量；②执行严格的制度安排和推广水资源的循环使用提高了
水资源利用效率；③统一水资源管理体制提高了水资源管理水
平；④运用经济杠杆约束水资源需求。根据其分析思路，本部分
利用中国 1949 年以来的时间序列数据，论证了中国也存在着水
资源利用总量呈倒 U 形曲线变化的特点，见图 5-1。特别是从近
20 年水资源利用总量与经济发展变化态势可以看出，水资源利用
总量虽尚未达到转折点，但水资源利用总量开始趋于稳定。利用
Eviews 回归软件可以计算出，log（总用水量）＝2.253＋1.07log

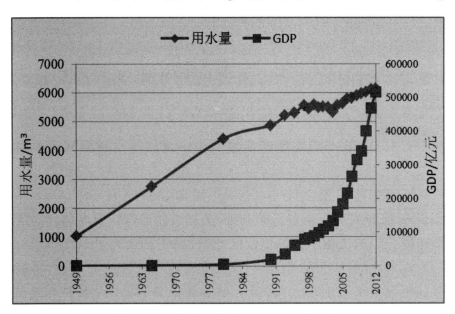

图 5-1　中国用水总量和 GDP 变化态势

（GDP）$-0.045\log(GDP)^2$，$R^2=0.93$，在 1％的水平下通过检验。因此通过回归分析结果可以看出，用水总量和经济发展之间呈现倒 U 形（见图 5-2）。这表示随着用水技术进步和清洁生产技术进步，较低的用水总量增长率可以支持较高的经济增长率，中国用水总量增长速度会进一步放缓，直至零增长。

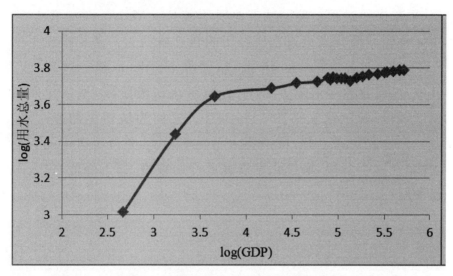

图 5-2　中国用水总量对数和 GDP 对数变化的倒 U 型态势

由于河南省用水总量缺少长时间序列数据，但是可以肯定，河南省的用水总量和全国一样，先会随着经济的发展而增长，当经济发展到一定水平，技术进步会带来用水总量的缓慢增长甚至零增长。为了加速通过临界点并转向用水曲线右侧，必须加速技术创新和制度创新，提高水资源利用效率。

5.3.2　城市化进程与水资源环境变化

一、河南省城市化进程

改革开放以来，随着国民经济快速增长和社会全面进步，我国城镇化进入了快速发展的新阶段，城镇化水平由 1978 年的 17.92％提高到 2013 年的 53.73％，城镇人口由 1978 年的 1.72

亿提高到 2013 年的 7.31 亿。河南省的城镇化水平稍显滞后,城镇化水平由 1978 年的 13.63% 提高到 2013 年的 43.8%,城镇人口由 1978 年的 0.096 亿提高到 2013 年的 0.46 亿。从 1978 年到 2013 年,我国及河南省城镇人口占总人口的比重变化情况如图 5-3 所示。城镇化有其自身的发展规律,在时间上要经历缓慢、加速、再减慢的过程。美国城市地理学家 Ray M. Northam 在 1979 年把各国城镇化发展过程所经历的轨迹概括为一条稍被拉平的 S 形曲线,即著名的 logistic 曲线,又称 Northam(诺瑟姆)曲线。其中,城镇化水平在 30% 以下为城镇化初级阶段,城镇化发展速度缓慢;城镇化水平在 30%~70% 之间为城镇化加速阶段,城镇化发展快速上升;城镇化水平在 70% 以上为城镇化的后期阶段,在这个阶段,城镇化发展速度开始减慢,逼近峰值,进入平稳阶段。

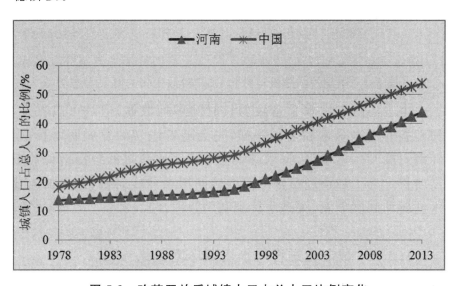

图 5-3　改革开放后城镇人口占总人口比例变化

根据诺瑟姆曲线,可以看出河南省城镇化和全国一样,正处于高速发展阶段。过去 35 年河南省城镇化水平以年均 0.6 个百分点增长,全国城镇化水平的增速为 1 个百分点。受经济发展速度影响,"十二五"时期至 2020 年河南省城镇化率仍将快速提升,但是基本可以预见的是,城镇化增长速度会慢于过去的 10 年。从图 5-3 可以看出,尽管河南省城镇化一直滞后于全国平均水平,但差距在趋于缩小。

二、城市化进程对水资源利用的影响

城市化的快速发展意味着人口、经济对资源要素需求的快速增长,从而直接导致对供水需求的快速增长,水资源的无序、过度开采也伴随而生,水污染和水灾害使得原本不堪重负的生态环境遭受了更为严重的打击。目前中国 655 个城市中有近 400 个城市缺水,其中约 200 个城市严重缺水,水资源的匮乏问题将严重影响着中国的城市化进程,河南省也不例外。

城市化密集的人口和发达的社会经济活动导致用水与污水排放负荷都比较高,如果水污染控制滞后,水污染排放量增加,将导致河道、雨水水质变坏、受纳水体质量下降,用水量增加导致地下水补给变化,从而导致基流减少。同时,城市化带来土地利用情况的改变,如清除树木、平整土地、建造房屋等改变了天然状态下的产径流特性和雨洪径流形成条件,不渗水面积和排水工程的增加,减少了土壤入渗和地面蒸发量,城市雨洪径流明显增大,可能会引起城市水灾害等问题。

不仅如此,城市化意味着基础设施相对完备,公共市政(如绿地、消防)供给水平等也会高于小城镇或农村地区,人均生活用水量也将大幅度提高。但根据高桂芝、刘俊良、田智勇等(2002)的研究,城市规模与人均用水量并不一定呈现线性相关关系。如果区域水资源条件比较单一,城市规模越大,管道煤气或天然气普及率越高,生活用水量越高,但也必须考虑到所在城市性质、供水设施完备程度和经济发展程度、水资源条件等影响,所以关系比较复杂。

三、水资源制约着城市化的发展

据有关专家称,水资源短缺日渐成为中国城镇化建设的难题。城市水环境容量与其所能承载的人口容量不匹配。具体到河南省,目前河南省用水结构中,60%左右都是农业用水,工业和生活、生态用水占比较小。随着工业化、城镇化进程的加快,工业、生活、生态用水将大幅度增加,多态用水之间的矛盾会进一步凸显。而河南省作为粮食大省,必须保证粮食作物的生产,工业用水、生活及生态用水挤占农业灌溉用水必然会影响粮食作物生产。而这个矛盾在农业节水技术不能改进的情况下一定会制约着城市化的发展。

另外,农村存在着一些乡镇工业,乡镇工业作为城镇化过渡中的工业,起着衔接城乡二元经济结构的重要作用。但大多数乡镇工业用水,特别是家庭作坊式的乡镇工业用水,虽然比重较小,但浪费却很大。

水资源问题和城镇化密切相关,相互影响和制约。只有发展循环经济,才是解决水资源匮乏和经济高速发展矛盾的正确选择。在城市化发展过程中应以循环经济为核心,调整经济结构,加强市政水利设施建设,利用水资源政策的经济手段释放城市作为水功能区的活力。

本章小结

为保持水资源和生态环境的自平衡性和可再生性,促进社会经济的可持续发展,在生态环境保护与社会经济发展之间确定合理的平衡点就显得十分重要,水资源与社会经济之间的协调至关重要。河南省缺水状况严重,对社会经济可持续发展提出了较高的要求。利用协调度评价方法对河南省水资源与社会经济发展的协调性进行评价,结果发现,在研究中所涉及的 18 个地级及以上城市中,2 个(洛阳市和南阳市)属于中开发利用区,其余 16 个城市全部属于高开发利用区。相对于全国水平而言,河南省水资源与社会经济协调程度不容乐观。因此,有必要加强水资源保障措施,进一步挖掘区域范围内水资源保障潜力,采取各种措施节约用水和防止水污染,解决水资源的供需矛盾。

第6章 水资源约束下河南省产业结构优化研究

6.1 河南省产业结构、经济增长与水资源约束

6.1.1 河南省产业结构现状

一、产业结构层次不合理

产业结构作为经济结构的基础和核心,体现了经济增长的质量,其状况很大程度上也影响和制约着地区资源配置效率和经济增长效益。由于历史和土地禀赋的原因,一直以来,国家战略及河南省地方发展中都强调农业的基础地位,更加关注农业发展,为国家提供充足的粮食供给。第一产业地位的提高,意味着其他产业的相对落后,导致河南省工业基础相对薄弱、服务业比重低,城镇化发展速度缓慢,三产结构严重不合理。

改革开放以来,河南省的产业结构三次产业产值占 GDP 的比重由 1978 年的"二一三"演变为 2012 年的"二三一"(见图 6-1),即三次产业产值比由 1978 年的 39.81：42.63：17.56 演变为 2012 年的 12.74：56.33：30.94。从 2012 年分产业看,第一产业实现增加值 3772.31 亿元,同比增长 4.5%;第二产业实现增加值 17020.20 亿元,同比增长 11.7%;第三产业实现增加值 9017.63 亿元,同比增长 9.2%。可以看出,河南省二、三产业发展加快,产业结构呈现合理化的趋势,但产业结构优化仍任重道远。具体而言,三次产业产值序列结构变化可分为四个阶段,

1978－1980 年为"二一三"结构,1981—1985 年为"一二三"结构,1986—1991 年为"二一三"结构,1992 后为"二三一"结构。从图 6-1 可以直观地看出,第一产业产值所占比重大体呈现出先升后降的态势,由 1978 年的 39.81％上升到 1983 年的 43.75％,之后除 1988－1990 年的小幅上扬外,总体呈下降趋势,第二产业产值比重由 1978 年的 42.63％升至 2012 年的 56.33％,总体提升 13.70％,但期间存在较大波动,在波动中趋于攀升。第三产业呈现稳步上升的走向,第三产业产值比重由 1978 年的 17.56％提高到 2012 年的 30.94％,总体提升 13.38％,虽然期间也有波动,但波幅比第一产业和第二产业要小。

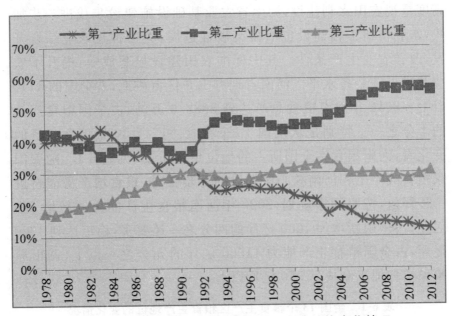

图 6-1　河南省历年(1978－2012 年)产业结构变化情况

　　总体而言,河南省产业结构变化符合产业结构演变一般规律,但对应时期全国三次产业结构比值由 1978 年的 28.2：47.9：23.9 到 2012 年演变为 10.1：45.3：44.6。可以说,河南省第一产业仍然是产业结构优化的重中之重,第二产业也不容乐观,比重高出全国平均水平近 11 个百分点,在服务业发展如火如荼的时期,河南省第三产业比重则低于全国平均水平近 14 个百分点,这是一组令人触目惊心的数据,直观地表现了河南省产业发展残酷的现实。第一产业、第二产业此起彼伏的变化波动趋势也说明工业化、城镇化的快速发展过程中,占用了大量耕地,耕地面积大幅下降,严重影响了粮食产量。即在粮食主产区,推进工业化城镇化与确保粮食稳产是难以调适的矛盾。

二、产业内部结构各有特点

(1)第一产业

农业是国民经济基础,不仅提供人们必需的粮食和其他农产品,而且还为二、三产业提供重要的原材料和市场。近年来,中央高度重视农田水利建设,河南省农业基础设施建设步伐进一步加快,水利枢纽工程建设也取得突破性进展,大力推进农业综合开发,改善农业生产条件。其中标准农田建设显著成效,提升了农业基础设施装备水平。河南省现有1.9亿亩耕地,占全国的1/10以上。2012年河南粮食总产达到5638.6万吨,占全国粮食产量的十分之一。特别是从全国13个粮食主产区30年粮食产量的变化看,河南粮食在全国所占的地位更加重要,见表6-1。随着国家粮食战略工程河南核心区建设的稳步推进,粮食增产潜能将进一步释放,按照国家规划,2020年河南粮食生产能力要新增260亿斤,占全国新增加1000亿斤的四分之一还要多,稳定达到1300亿斤,占全国粮食生产能力11000亿斤的九分之一以上,调出原粮和粮食加工制成品550亿斤以上。

表6-1 全国13个粮食主产区粮食生产地位的变化情况

地区	粮食生产总产量(万吨)					
	1978年			2009年		
	总产量	全国位次	占全国比重	总产量	全国位次	占全国比重
四川	3000.0	1	9.84	3315	5.62%	6

续表

地区	粮食生产总产量（万吨）					
	1978 年			2009 年		
	总产量	全国位次	占全国比重	总产量	全国位次	占全国比重
江苏	2290.0	2	7.51	3372.5	5.72%	4
山东	2250.0	3	7.38	4511.4	7.65%	3
河南	1900.0	4	6.23	5638.5	9.56%	2
湖南	1900.0	5	6.23	3006.5	5.10%	9
湖北	1725.5	6	5.66	2441.8	4.14%	11
河北	1615.0	7	5.30	3246.6	5.51%	8
黑龙江	1500.0	8	4.92	5761.5	9.77%	1
安徽	1482.0	9	4.86	3289.1	5.58%	7
辽宁	1175.0	10	3.86	2070.5	3.51%	13
吉林	1056.0	11	3.46	3343	5.67%	5
江西	1050.0	12	3.45	2084.8	3.54%	12
内蒙古	180.0	13	0.59	2528.5	4.29%	10

　　第一产业包括农、林、牧、渔业及农林牧渔业服务业。在第一产业内部，种植业比重不断减小，从 1978 年的 83.6% 降为 2012 年的 61.43%，降幅达 20.17%，但仍居主导地位，全国 2012 年种植业占第一产业比值为 52.47%，河南省高出全国平均水平 8.96%，种植业占居主导地位是河南省农业产值结构的主要特征。林业、渔业、农林牧渔业服务业比值变化不大，而畜牧业比值由 1978 年的 11.4% 提高到 32.72%，增幅比较明显。

　　（2）第二产业

　　河南省第二产业依托各城市的资源禀赋优势形成了各具特

色的工业体系,成为河南省经济发展的坚实动力。第二产业体系基本形成,河南省依托丰富的矿产资源和农副产品,形成了拥有38个行业大类、182个行业中类,以食品、有色、化工、装备制造、轻纺等产业为主导、大中型企业为主体、多种所有制竞相发展的工业体系,是全国重要的粮食加工、畜禽加工、铝工业和煤化工基地。重工业集中在河南西部;食品加工业聚集区在东部平原区,如漯河、许昌、周口等;汽车及零部件产业集中在开封、洛阳、新乡、焦作、许昌、南阳、鹤壁等城市;在原材料产业方面,重点发展郑州、洛阳、焦作、三门峡、商丘等铝精深加工产业基地。2012年,河南省全部工业完成增加值1.19万亿元,占生产总值的比重达到52.1%,工业增加值位居全国第5位、中部地区首位,同时,产业集聚效应显著,根据2012年统计数据,河南省六大高成长性产业占比进一步提升,实现增加值占规模以上工业的比重达57.9%,同比提高2.6个百分点,对全区规模以上工业增长的贡献率达67.2%;产业集聚区的作用进一步增强,河南省产业集聚区对全区规模以上工业增加值、全区规模以上工业、固定资产投资增长的贡献率分别为63.9%、74.3%和68.3%。

(3)第三产业

我们通常所说的第三产业,也就是服务业,在经济发展后期,按照产业发展规律,第三产业所占GDP比重应当超过第二产业,形成"三二一"的产业格局。河南省产业结构优化要遵循产业发展规律,在继续发展第一、二产业的基础上加大服务业的比重,重点发展第三产业。要根据社会经济发展规划和城市发展规划去调整服务业增加值比重。例如,在航空港区发展朝阳产业如金融、物流等产业。与民生相关的服务业,如城市公共交通、餐饮、旅游等要大力发展,并且注重服务业发展的精细化、专业化。从数字来看,对服务业的发展目标定位并不高。第三产业比例较低,与河南省城镇化水平低不无关系。河南省三大产业比例的严重失调,从侧面反映出河南省工业化、城镇化和农业化三者之间的发展速度不一致,缺乏协调。

三、区域发展不平衡

区域内经济发展不平衡,以 2012 年人均 GDP 为例,最高的郑州市人均 GDP 是最低的周口市的 3.5 倍。如表 6-2 所示,按照豫北、豫西、豫南、豫东的划分,豫北地区用河南省 20.41% 的总人口创造了 19.25%、25.13%、19.31%、22.61% 的第一产业、第二产业、第三产业和 GDP;豫西地区用河南省 13.75% 的人口创造了 12.21%、20.59%、18.52%、18.89% 的第一产业产值、第二产业、第三产业和 GDP;豫南地区用河南省 38.21% 的人口创造了 37.58%、40.21%、44.78%、41.27% 的第一产业、第二产业、第三产业和 GDP;豫西地区用河南省 27.63% 的人口创造了 30.96%、14.07%、17.39%、17.23% 的第一产业、第二产业、第三产业和 GDP。总的来说,豫南地区经济发展较为薄弱,豫东地区发展较为平衡。

表 6-2　豫北、豫西、豫东、豫南地区三次产业发展基本情况(%)

区域	第一产业所占比	第二产业所占比	第三产业所占比	GDP所占比	总人口所占比
豫北地区	19.25	25.13	19.31	22.61	20.41
豫西地区	12.21	20.59	18.52	18.89	13.75
豫东地区	37.58	40.21	44.78	41.27	38.21
豫南地区	30.96	14.07	17.39	17.23	27.63
全省	100	100	100	100	100

6.1.2　河南省产业结构与经济增长关系测度

一、产业结构变动与经济增长测度方法

产业结构与经济增长密切相关,为了研究产业结构变动与经济增长之间的关系,首先要对产业结构的变动进行合理的测度。本部分借鉴日本经济学者吉川洋和松本和幸(2001)基于需求创造经济增长理论提出的方法,利用产业的产值、劳动力就业人数、资产和技术等要素占经济中各要素总量的比重对产业结构变动进行测度。产业结构变动幅度的计算公式如下:

$$\sigma = \frac{\sqrt{\sum_{t=1}^{n}(w_i^{t2} - w_i^{t1})^2}}{T} \tag{6-1}$$

其中,σ 表示产业结构的变动幅度,w_i^{t1} 和 w_i^{t2} 分别代表 t_1 和 t_2 时刻第 I 行业的产值、就业人数、资产和技术等要素占经济中各要素总量的比重,n 为经济结构中的行业数,T 为 t_1 和 t_2 之间的时间跨度。因此,σ 的变动可从产业的产值结构、劳动力就业结构、资产结构和技术结构等不同的角度反映产业结构变动的特点。

同时,与 σ 对应的经济增长的变动可以用如下公式度量:

$$\rho = \left(\frac{Y_2}{Y_1}\right)^{\frac{1}{T}} - 1 \tag{6-2}$$

其中,ρ 为在时期 T 内的平均经济增长率,Y_1 和 Y_2 分别为时刻 t_1 和 t_2 所对应的实际国内生产总值,并且 $T = t_2 - t_1 + 1$。

二、河南省产业结构与经济增长的变动

(1)河南省产业结构的变动

由于河南省 GDP 的按行业的产值数据的详细资料难以获得,本部分选用国内学者比较常用的劳动力就业结构作为产业结构[蒋振声、周英章(2002)]衡量的指标。图 6-2 为河南省部分行业就业人数的对数随各个年份的变动路径。

从图 6-2 中可以看出河南省各行业就业人数的变化具有显著的差异,如农业就业人数增长比较缓慢,相对而言批发和零售业、制造业、建筑业就业人数增长较快。这表明各行业处于成长的不同阶段,同时在一定程度上体现出目前河南省全社会对各行业的需求特征。

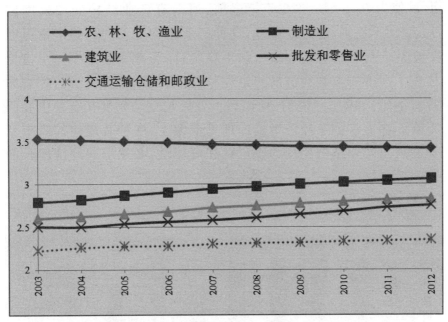

图 6-2 河南省主要行业就业人数的变动（2003—2012 年）[①]

通过查找 2003—2012 年河南省主要行业就业人数的数据，利用(6-1)式对劳动力就业结构的变动进行计算。本部分选取的时间跨度为 3 年，即 $T=3$。根据《河南统计年鉴》对从业人员按行业划分进行统计的标准，我们将整个经济划分为 19 个行业，即 $n=19$。这样，在计算 2001—2003 年河南省产业结构的变动幅度 $\sigma_{2003-2004}$ 时，可以设定 t_1 和 t_2 分别为 2003 和 2005，时间跨度 T 为 2；w_i^{2003} 和 w_i^{2004} 分别选用 2003 年和 2005 年各行业从业人员数占总从业人员数的比重，其中 $i=1,2,\cdots,19$；根据(6-1)式可计算出 $\sigma_{2003-2004}$ 为 0.0013，依次递推可得出河南省产业结构变动幅度（见图 6-3）。

由图 6-3 可以看出，2006—2007 年河南省产业结构变动幅度最大，σ 值为 0.0017，2011—2012 年河南省产业结构变动幅度最

---

① 由于《中国统计年鉴》及《河南统计年鉴》自 2003 年开始，分行业从业人员统计标准和 2002 年及之前年份有所变化，为避免前后统计数据差异引起的分析偏差，本部分统一从 2003 年开始分析。

小，σ值为0.00076。2007年以前，河南省产业结构变动幅度较大，变动不规则，稳定性较差，这种产业结构变动的不稳定性可能是全社会对各行业的需求变动不稳定，而需求变动的不稳定恰恰体现了河南省宏观经济的稳定性较差，宏观调控对经济的控制力有所不足。2007年以后，河南省产业结构变动幅度在波动中趋于下降。在需求创造经济增长的理论框架下，这种有规律的需求变动表现出产业结构变动的稳定性和规律性，必然引起经济增长的稳定性和规律性。

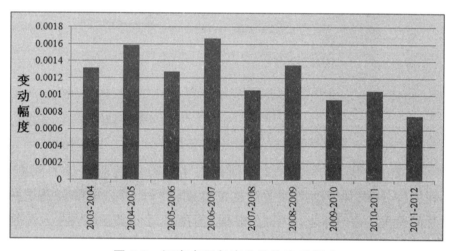

图6-3 河南省历年产业结构变动幅度

(2)河南省经济增长的变动

利用公式(6-2)计算与河南省产业结构变动幅度对应的平均经济增长率，例如计算2003—2004年河南省的平均经济增长率为$\rho_{2003-2004}$，设定t_1和t_2分别为2003和2004，Y_{2003}和Y_{2004}分别为2003年和2004年的实际国内生产总值，根据(6-2)式可以计算$\rho_{2003-2004}=0.066$，依次递推可以得到历年河南省平均经济增长率(见图6-4)。

由图6-4可以看出，2006—2007年河南省经济平均增长率最高为7.1%，2008—2009年经济平均增长率最高为5.3%，从2003—2012年，总体经济增长率在波动中趋于下降，平均经济增长率的变动趋势同样可以体现出河南省经济增长的波动性在减弱,而稳定性和持续性在增强。

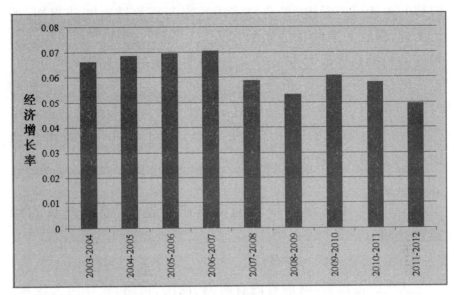

图 6-4　河南省历年实际平均经济增长率

三、产业结构变动与经济增长关系测度分析及结果

我们利用$\overline{I_t}$和$\overline{GDP_t}$分别表示产业结构变动幅度和平均经济
增长率,采用时差相关分析法对河南省产业结构变动与经济增
长之间的关系进行检验。时差相关分析是利用相关系数检验经
济时间序列先行、一致或者滞后关系的一种常用方法。选用
$\overline{GDP_t}$为基准指标,则$\overline{GDP_t}$和$\overline{I_t}$之间时差相关系数的计算公
式为:

$$r(j) = \frac{\text{cov}(\overline{GDP_t}, \overline{I_{t+J}})}{\sigma(\overline{GDP_t})\sigma(\overline{I_{t+J}})} \tag{6-3}$$

其中,$j = 0, \pm1, \pm2, \cdots, \pm p$, $\text{cov}(\overline{GDP_t}, \overline{I_{t+J}})$是两个变量的协
方差,$\sigma(\overline{GDP_t})$和$\sigma(\overline{I_{t+J}})$分别为两个变量的标准差。$j > 0$表示
当期平均经济增长率与滞后j期产业结构变动幅度的相关系数,
$j < 0$表示当期平均经济增长率与超前j期产业结构变动幅度的
相关系数。通过计算样本协方差和样本标准差可以得到$\overline{GDP_t}$和
$\overline{I_t}$之间时差相关系数,结果发现,平均增长率和产业结构变动当

期、滞后 1 期和滞后 2 期的时差相关系数分别为 0.737、0.394 和 0.170,由此可以看出,平均经济增长率与产业结构变动当期、滞后 1 期,滞后 2 期的相关系数都为正,并且与当期产业结构变动幅度的相关系数最大为 0.737。这说明当期的产业结构的变动对经济增长的影响最大,但是产业结构的变动对经济增长具有影响时滞,也说明了因为产业结构的变动使资源配置与全社会的需求相适应,并且加快了主导产业更替和促进了新兴产业发展的速度,进而推动了经济增长。

6.1.3 水资源紧缺对河南省产业发展、经济增长的约束性分析

从全国范围看,河南省内有海河、淮河、黄河、长江四大流域,同时,河南省还处于淮河源头,也是南水北调中线工程水源地,从这一角度看,河南省的水资源应该是比较乐观的。但从历史上看,河南省又是一个水资源紧缺、水旱灾害频繁的区域。平均 5 到 6 年一次大旱,4 到 5 年一次大水,60 年左右发生一次特大干旱和特大洪水,"75·8"特大洪灾,1986—1988 年大面积旱灾,至今让人刻骨铭心。①

一、水资源约束与农业发展

农业比重大,既是中原地区的"短板",也是它独具的特色。这一特点,决定了其在保障实现国家粮食安全方面的无可替代的作用。因此,河南省发展定位比较特殊,一方面要加快发展,努力加快现代化、工业化、城镇化进程,另一方面又要切实保护好环境,提供充足的粮食供应。对于河南省而言,建设的重中之重必然是农业。必须确保粮食安全,进一步夯实农业基础。

---

① 来源:水资源短缺和水环境恶化已成为制约河南可持续发展的重要瓶颈[N].河南日报,2012—12—06.

粮食生产作为传统产业,对经济发展的贡献比重偏低。粮食生产总量大,一年可以生产1100多亿斤粮食,但换算成产值,只有1100多亿元,同样的产值两三个大型企业就可以完成,总量大、产值低是粮食生产的典型特点。耕地越来越少,人口日益增长,人地矛盾愈发突出,加上水资源匮乏,资源紧缺成为河南省发展的瓶颈约束,对河南省经济发展的制约越来越大。随着一批蓄水、引水、提水工程的建成和使用,河南省有效灌溉面积达到7621万亩,有效地保障了粮食生产连续多年超过千亿斤,也提高了城乡供水保障水平,但水资源保障体系瓶颈仍然尚未突破。中原经济区战略提出,要把河南省打造成国家重要的粮食和现代农业基地,全国工业化、城镇化和农业现代化协调发展示范区,全国重要的经济增长板块,并确保2020年粮食生产能力达到1300亿斤。实现这些目标,都离不开水,但河南省水资源极度紧缺,且水资源保障体系仍不健全,农田水利建设滞后,仍然是农业发展和粮食安全的重要瓶颈。

因此,河南省农业和农村经济面临土地和水资源的双重严峻约束,解决问题的关键在于大力发展农民合作组织,培育劳动力市场,不断提高农业机械化水平,注重对农业基础设施以及农业科技的投资力度。河南省在不牺牲农业和粮食、不牺牲生态和环境的前提下如何继续发展,需要理论和实践的积极探索。在产业发展的战略选择中,粮食主产区政府的作用至关重要,主要表现在市场规律与政策调节的配合、与上下级政府以及与农民的博弈中,尤其是在上级政府对下级政府、政府对农民的财政转移支付过程中,将会产生决定性影响。

水资源约束下河南省农业发展突破的关键是要实现传统农业向现代农业的转变,通过产业集聚和产业融合实现农业的现代化。都市农业、设施农业、精准农业等新兴业态就是农业与其他产业相互融合的结果,这些新兴业态使农业的面貌为之一新。因此,要发展现代农业,促进小农户与大市场对接,加快农业与市场对接的力度、宽度和深度,改变农业分散经营的传统,提高农业的组织化程度。随着农业与工业、第三产业的融合不断深入,采取企业化的组织形式是农业现代化要突破的关键,只有建立起通向市场的桥梁,才能改进产业结构,提高农民收益。

二、水资源约束与传统优势产业发展

传统优势产业是河南省经济发展的基础,也代表了河南省工业的核心竞争力。新兴产业的兴起,使传统优势产业面临着巨大的发展压力,要提高传统优势产业的整体竞争力,必须解决水资源这一发展的最大瓶颈。

在水资源供给有限的刚性约束下,要实现经济可持续发展,必须调整经济结构和用水结构。工业革命以来,特别是二战以来,随着科技进步,经济高速发展,人口剧增、资源耗竭、环境污染和生态失调日益严重,已到了严重威胁人类生存和发展的地步。水资源的可持续利用是支撑我们经济可持续发展的重要物质基础。

水资源可持续利用与产业结构优化存在内在的耦合作用。[①]一方面,水资源作为一种经济资源,是人类经济高速发展的控制性要素。水资源是一切农作物生产所必需的物质基础,是工业发展的命脉,并且随着科技的进步及工业化进程的加快,高效节水设施的引进使得水资源利用效率不断提高,同时对水资源量和质的要求也不断提高。另一方面,经济增长会促进用水需求增长,而用水量的增加又会改变区域水资源格局。不恰当地开发利用水资源对生态环境会产生非常恶劣的影响,而合理适度地开发利用水资源则会对生态环境产生良性的影响。生态环境的变化反过来也会对产业发展产生影响,如农业灌溉用水使得农作物得到了更适宜的生存环境,也改善了农田生态系统;水利工程建设对局部用水条件及生态环境的改变,可能有助于上游周边地区对水

---

① 蔡继,董增川,陈康宁.产业结构调整与水资源可持续利用的耦合性分析[J].水利经济,2007(9):43-45.

资源的利用,但可能会由于引水过多造成下游生态环境恶化,水生态遭到破坏等。

三、水资源约束下产业结构优化方向

在水资源约束下,要实现河南省产业结构的优化和升级,必须更加重视新兴产业对传统产业的带动效应,通过融合发展实现传统产业和新兴产业的共同发展。[①] 如一些建筑集团公司意识到我国的建筑企业的竞争对手不仅有国内同行,而且有早已虎视眈眈的国际建筑商。为了适应这一新的市场竞争环境,较早地进行了"预热备战",促进传统工程与高新技术的有机结合,从单一型土方施工企业成长发展为以高速路、城市道路、桥梁、大型管网、深基础施工为龙头的综合性施工企业,适时投入到城市基础设施建设、奥运场馆建设、高科技园区建设、西部开发、西气东输等工程建设中;迅速提高了集团公司的公路工程、市政公用工程、地基与基础工程、机械施工、商品混凝土生产的经营管理水平。在这一过程中,强化运用信息技术、互联网等高科技手段,建立现代化科研设计中心、市场营销网络和信息管理系统,进行信息搜集和跟踪管理,实现网络信息资源共享,从而构筑了科学、快捷的反应系统,建成管理效益型和技术创新型企业,在管理水平、企业活力、盈利能力、发展速度、创新能力等方面不断跃上新台阶。这可以说是企业集团运用高新技术改造传统产业,以及高新技术产业向传统产业辐射渗透的成功实践。

---

① 国家重点鼓励发展的产业、产品和技术目录及指导中,涉及到农业、林业及生态环境、水利、气象、煤炭、电力、核能、石油天然气、公路、铁路、水运、航空运输、信息、钢铁、有色金属、化工、石化、建材、医药、机械、汽车、船舶、航空航天、轻纺、建筑、城市基础设施及房地产、环保和资源综合利用,以及服务业等约三十个产业领域。既有传统产业,又有新兴产业。

6.2 河南省产业结构变动对水资源利用的影响

6.2.1 河南省产业结构优化促进用水结构优化

用水结构的演变和社会经济发展密切相关。地区经济不发达时,以农业用水为主;随着工业发展的演进,对工业用水量的需求不断增加,工业、农业用水趋于均衡;随着城镇化的发展和生活质量水平的提高,生活用水需求不断增加从而进入到工业、农业和生活用水需求相对均衡的更高级阶段。一个地区经济发展包括经济总量增长和经济结构优化两个方面,经济结构的优化主要体现为产业结构优化方面。如图6-5所示,河南省产业结构和用水结构变动趋势相一致,第一产业和农业用水比重趋于下降,且第一产业比重下降幅度要大于农业用水下降幅度;第二产业和工业用水比重缓慢上升,第二产业比重上升速度快于工业用水比重上升速度;第三产业和生活用水则保持相对稳定。由此可以推

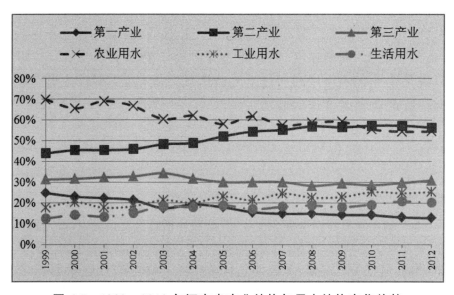

图6-5 1999—2013年河南省产业结构与用水结构变化趋势

断,产业结构变动和用水结构变动具有一定的相关性,产业结构变动推动了用水结构变动。[①]

6.2.2　河南省产业结构变动对各类用水的影响

河南省特殊的省情决定了必须把农业作为重点产业来生产,而且河南省第三产业发展虽具有一定的基础,但竞争力较为薄弱。第二产业的发展使得第一产业所占比重不断下降,第一产业地位不断下滑,投入到农业中的资源也会随之减少。另外,农业节水灌溉面积的增加及农村水利水电工程的增加,也使得农业对水资源的需求量大大减少,从而导致农业用水下降。河南省第三产业发展滞后,竞争力相对薄弱,对经济增长的作用虽强于第一产业,但第三产业对经济增长的贡献率相对全国平均水平而言,还是比较低,且城镇化发展滞后。因此,生活用水始终保持较小比重,且比重变化幅度不大,处于相对的动态平衡状态。

多年来河南省第二产业比重一直在不断加大,促进了经济增长,同样也引起了工业用水剧增。以 2012 年为例,河南省 18059 家规模以上工业企业取水量 33.75 亿 m^3,较去年同期增加 0.31 亿 m^3,电力、热力、燃气及水生产和供应业共取水 18.22 亿 m^3,同比上升 4%,占全部规模以上工业企业取水总量的 54%,但全省规模以上工业企业中,只有 1618 家企业使用了重复用水,只占全部规模以企业的 9%。工业用水的规模增大和重复利用率的低下是工业用水总量提高的主要原因。另外,河南省支柱产业农副食品加工业及制造业、酒及饮料业、纺织及纺织服装服饰业等等都属于高耗水型产业,但增长迅速,从 2010 年到 2012 年分别增长了 24.51%、28.81% 和 26.56%,在高额利润驱使下,生产者加大生产,整体产业结构中节水型产业所占比较小,高耗水、高污染产

---

① 有关用水结构驱动因素的内容会在下一章详细分析,该结论在下一章中被得到更充分的证明。

业作为经济发展的支柱产业导致工业用水量及其用水结构比重持续上升。

6.3 水资源约束下河南省产业结构优化问题与措施

6.3.1 水资源约束下河南省产业发展中存在的问题

一、农业发展缺少配套建设导致农业用水效率不高

农业一直是中国及河南省的用水大户,目前河南省近2/3的用水量为农业用水。由于河南省是农业大省,随着工业化和城市化的推进,工业用水和城市用水需求会不断增加,因此对于河南省而言,农业用水形势将显得更为严峻。2012年河南省农业节水灌溉面积占有效灌溉面积的比值为32.73%,2012年全国农业节水灌溉面积占有效灌溉面积的比值为49.52%。在英国、德国、法国、匈牙利和捷克等国家节水灌溉面积比例更是高达80%以上。河南省作为农业大省,农业发展缺少节水灌溉水利工程和农田水利工程自然导致农业用水效率不高。提高农业用水效率已成为建设节水型社会的关键环节,而中国农业用水效率远低于生产技术效率[王学渊、赵连阁(2008)],河南省也不例外。农田水利设施的增加、有效灌溉面积的增加、同熟期作物统一灌溉等会对农业用水和用水效率产生显著影响,因此,下一步农业发展中必须注重农田水利基础设施建设。

二、工业发展中产业结构偏水度较高

对一个地区/城市产业用水效率测度常常采用单位产出(产值或增加值等)的耗水量来计算或单位耗水量的总产出值的方法来衡量,这种方法本身往往忽略了产业结构本身,且难以对问题

进行进一步分析。为避免此问题,袁少军、王如松、胡聃等(2004)提出"产业结构偏水度"的概念和方法来度量区域产业结构偏向低效率用水的程度。[①] 虽然由于《河南统计年鉴》和《河南水资源公报》缺少各行业用水详细数据,但从《河南统计年鉴》中可以看出,河南省支柱产业中食品加工及制造业、饮料及造酒业、煤化工业、纺织服装制造业等基本都是高污染、高耗水工业。而且,我省工业发展中工业企业重复利用率较低。以 2012 年为例,全省规模以上工业企业中,重复利用率超过 1 亿 m³ 的企业只有 33 家,占重复用水企业数的 2%,占全部规模以上工业企业数的 0.2%,但这 33 家企业的重复用水量却占全省总的重复用水量的 82%。因此,河南省重复用水企业和重复用水大户均偏少。

三、水污染、水浪费影响第三产业及居民生活的质量

由于农业化肥、农药等点源、面源污染及化工、皮革、造纸厂的无序和不达标排放,大量的水污染物包括氨氮、化学需氧量及氰、汞、砷、酚等"无毒物质"排入水源。由于种种原因,农村水源地保护薄弱、水质监测能力滞后等等直接威胁着农村居民的饮用水安全。另外,阶梯水价虽然能够在一定程度上发挥生活中节约用水的价格机制作用,但是水价调节作用有限,而且,对于学校、

---

① 即将产业(假设有 N 个产业)按照单位产出(产值、增加值、利润等)耗水量从大大小进行排序,将单位产出耗水量最大的产业赋值和排序都为 1,单位产出耗水量次之的产业赋值和排序都为 2,……,将单位产出耗水量最小的产业赋值和排序都为最大值 N。衡量产业结构偏向单位产出耗水量大的产业程度,可以采用如下计算公式:

$$P = \frac{N \times Y - \sum_{i=1}^{N} Y_i \times i}{(N-1)Y}$$

式中,i 表示产业部门位置值,其他符号含义同上。为便于衡量不同时间产业结构偏水度,P 值被界定为 0—1 之间,P 越接近 0,表示区域产业结构偏向于用水效率较高产业发展。

医院、政府机关等行政事业部门,仍存在大量的水浪费现象。

6.3.2　水资源约束下河南省产业结构优化的措施

一、遵循产业结构优化的一般规律

产业结构优化升级问题一直是学术界和政府在新型工业化发展过程中高度关注和深入研究的课题。产业结构优化的一般规律告诉我们,技术创新和技术进步是产业结构优化的原动力,要依靠科技创新不断开拓产业发展的新领域、新空间,和不断地提升产业的水平和质量;政府的宏观引导是产业结构优化顺利实施的关键,政府在坚持市场主导的同时,应进一步消除各种体制性障碍和垄断因素,搭建各种公共服务平台,积极创造产业发展的良好环境。

河南省应加快区域产业结构优化。一方面,产业结构优化应注重河南省各城市、各产业的关联效应,避免各自为政,要在持续发展农业的同时,高度重视农业、制造业和服务业的互动关系;另一方面,产业结构优化应综合考虑各个产业的现状,如规模、层次等要素,合理引导产业发展。

二、大力发展节水型产业

水资源问题,特别是水资源供需矛盾突出,仍然是河南省发展的主要瓶颈,成为河南省可持续发展的重要制约因素,因此,要把发展节水型产业作为经济社会可持续发展的一项重大战略任务,降低产业结构的偏水度和用水结构粗放度。

对于河南省而言,农业发展是关键,发展节水农业是缓解河南省水资源供需矛盾的重中之重,同时也是保障粮食供应,维护国家粮食安全的重要基础。自主创新,加快推广适合河南省区情的农业节水技术,提高水土资源利用率、农业生产资料利用效率和劳动生产率,促进农业科学发展。加强建设项目的环保论证,特别是水资源方面论证,严格控制高耗水和高污染工业项目的审批,实行水资源的一票否决。应逐步淘汰落后的、耗水量高的工艺、设备和产品,改革生产用水工艺,大力推广节水技术,从源头和全过程控制废水的产生和排放,增加循环利用次数,提高水的重复利用率,降低资源消耗,提高资源综合利用水平。从末端治理上,还应健全水资源循环利用回收体系,推进再生水资源规模化利用,提高水资源的产出效率。

三、通过产业结构优化促进水资源的合理分配和高效流转

水资源作为人类生存和社会经济发展的基础性要素,是否能够有效配置及合理利用成为决定和制约河南省经济发展的重要因素之一。结合河南省的水资源分布和管理状况,运用水资源配置、博弈论等理论,并联系实际,从河南省区情出发,分析研究河南省水资源的经营管理现状,科学合理地解决水资源的配置等问题,在吸取已有研究成果与先进经验的基础上,提出适合河南省水资源禀赋与经济发展特点的对策建议,促进水资源的有效管理和合理流动,为产业发展服务。

本章小结

改革开放以来河南省的产业结构三次产业产值占 GDP 比重由 1978 年的"二一三"演变为 2012 年的"二三一",和全国平均水平相比,第一产业和第二产业比重过高,第三产业比重偏低。产业内部结构发展各有特点:第一产业内部种植业比重不断缩小,畜牧业比重不断扩大;第二产业体系比较完整,产业集聚效应比较明显;第三产业发展相对落后。区域内经济发展不平衡,豫东、豫西地区经济状况相对较好。河南省产业结构优化促进了经济增长和用水结构优化,同时也面临着水资源紧缺的约束。在水资源约束下,农业发展缺少配套建设导致农业用水效率不高,工业

发展中产业结构偏水度较高,而水污染、水浪费影响了第三产业及居民生活的质量,因此,应遵循产业结构优化的一般规律,大力发展节水型产业,通过产业结构优化促进水资源的合理分配和高效流转。

第7章 河南省用水结构、效率演变及驱动因素分析

7.1 河南省用水结构演变及驱动因子分析

7.1.1 用水结构演变研究

现有关于用水结构变迁研究,集中在对用水结构规律的探索和用水结构优化与经济发展的协调性的研究,主要包括以下两个方面。

一是用水结构演变规律探索。王雁林、王文科、段磊等(2004)对黄河流域陕西段的用水结构趋势进行了分析和探讨,认为用水结构的合理确定与科学预测是制定水资源发展利用规划的前提和基础,对于实现水资源合理配置、社会经济协调发展具有重要意义;刘燕、胡安焱、邓亚芝(2006)认为信息熵能为人类水资源利用规划调控提供依据,渭河流域水资源开发利用结构向合理、均衡的方向发展。苏龙强(2010)则利用1999—2008年福建省工农业和生活用水数据,分析了福建省用水结构变化及其驱动力因子;宋敏、田贵良(2008)针对水资源短缺以及产业直接用水量不能完全反映产业的真实水资源依存度等问题,提出了产业用水关联思想及其测度方法,综合考虑了产业关联度和完全用水量,并提出了产业用水关联和产业结构优化措施。王小军、张建云、贺瑞敏(2012)则以地处西北干旱区的榆林市为例,通过收集榆林市1990—2005年国民经济各行业用水量,利用信息熵原理计算出不同年份用水量熵值及优势度动态演变情况。

二是用水结构优化与经济发展的协调性研究。刘慧敏,周戎星等(2013)通过区域用水结构和产业结构协调评价体系的构建分析了区域用水结构与经济发展的协调性问题。田贵良,顾巍等(2013)研究了基于虚拟水贸易战略的缺水地区用水结构进行优化问题。陈秀芬(2013)运用信息熵的方法描述了厦门市用水结构的演变规律,并结合灰色关联度方法分析了用水结构演变的主要影响因素。

综上所述,以往关于用水结构问题,多集中在用水结构规律的探索、用水结构的关联性方面,其研究趋势是探析影响用水结构的因素和用水结构如何优化的量化分析。用水结构与区域经济社会发展密不可分,对用水量和用水水平有着显著影响,调整用水结构是实现水资源优化配置,解决水资源利用矛盾的首要举措。本节主要从河南省用水结构演变入手,探讨用水结构演变的驱动因子,从而分析其经济动因和演变机制,为相关水资源管理部门提供决策参考。

7.1.2　河南省用水结构演变状况

根据历年《河南省水资源公报》收集整理 1999—2012 年河南省农业、工业、生活和生态用水数据,分析 14 年间河南省总用水量和用水结构变化趋势,如图 7-1 和图 7-2 所示。由图 7-1 可以看出,河南省 1999—2012 年 14 年间总用水量呈现稳定中兼有小幅波动的趋势,上升趋势不明显,总用水量 1999 年为 228.572 亿 m³,2012 年为 238.605 亿 m³,2003 年总用水量最低,为 187.6 亿 m³。但是,从次坐标轴可以看出,万元 GDP 用水量一直呈现下降趋势,从 1999 年的 505m³/万元下降到 2012 年的 80.6m³/万元。由此可见,河南省的总用水量较为稳定,但用水效益一直在提高。按照表 7-1 所示的世界上不同经济发展水平国家的用水结构来看,以 2000 年美元为不变价格计,河南省的单位用水生产率从 1999 年的 2.44 美元/m³ 提高到 2012 年的 9.92 美元/m³,从下中等收入国家生产率水平提高到世界平均生产率水平,单位用水生产率提升空间依然较大。河南省的各种类型用水生产率发展并不平衡,农业单位用水生产率从 1999 年的 0.51 美元/m³ 提高到 2012 年的 2.94 美元/m³,从中低收入国家生产率水平迈入高收入国家生产率水平行列,而工业单位用水生产率从 1999 年的 5.58 美元/m³ 提高到 2012 年的 15.84 美元/m³,从低收入国家生产率水平提高到中低收入国家生产率水平,在工业单位生产率水平上还有很大的提升潜力。

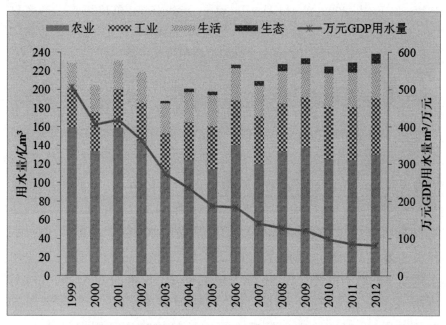

图 7-1　河南省 1999—2012 年总用水量及分配

表 7-1　不同经济发展水平国家的用水结构及生产率

	用水结构(%)			单位用水生产率(美元/m³)		
	农业	工业	生活	总用水	农业	工业
世界平均水平	69.9	20.1	10	8.6	0.8	18.7
低收入国家	88	5.9	6.1	0.8	0.3	7
中低收入国家	78	13.3	8.7	2.3	0.5	14

	用水结构(%)			单位用水生产率(美元/m³)		
	农业	工业	生活	总用水	农业	工业
下中等收入国家	75	17	8	2.5	0.4	17.9
上中等收入国家	53	28	19	7.2	1.4	23.7
高收入国家	42	43	15	28.2	2.7	33.6

注:参考 2007 年中国可持续发展战略报告的相关指标,主要数据来源于 World Bank. 2009 World Development Indicators;单位用水生产率以 2000 年美元为不变价格估计。其中,第五列"总用水"下对应数据是包括了农业、工业、生活、生态环境用水之后的单位用水生产率。

用水结构的变化主要体现在:①农业用水量和用水比重在小幅波动中下降。从图 7-1 可以看出,农业(包括农林牧副渔)用水一直是河南省的用水大户,其用水量长期远远高于其他用水量,在波动中趋于下降,1999 年农业用水量为 159.686 亿 m³,2012 年为 130.034 亿 m³,2003 年最低为 113.3 亿 m³。农业用水比重下降趋势明显,从 1999 年的 69.9% 下降到 2012 年的 54.5%,期间农业用水比重波动振幅不大。②工业用水(包括一般工业用水和火力发电用水)量和用水比重整体呈现稳定增长趋势。工业用水量从 1999 年的 40.402 亿 m³ 增加到 2012 年的 60.5 亿 m³,对应所占比重也从 1999 年的 17.7% 增加到 25.4%。③生活用水量持续增长,对应比重也呈现小幅增长趋势。生活用水量从 1999 年的 28.484 亿 m³ 增加到 2012 年的 37.471 亿 m³,对应比重从 12.5% 增加到 15.7%。④生态用水量和用水比重在波动中趋于上升。2003 年将生态用水单列纳入用水系统,生态用水量从 2003 年的 2.4 亿 m³ 增加到 2012 年的 10.6 亿 m³,在 2009 年用水量出现小幅波动略有下降,对应比重由 2003 年的 1.3% 增加到 2012 年的 4.4%,期间也出现小幅波动。⑤结合表 7-1 和图 7-2 还可以看出,河南省的用水结构从下中等收入国家水平向上中等收入国家水平迈进,结构趋于优化。

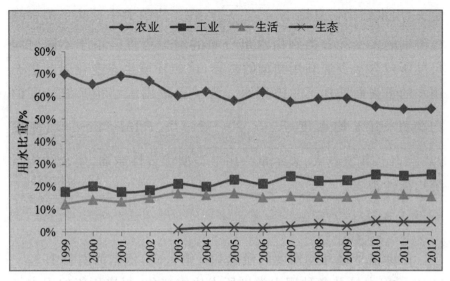

图 7-2　河南省 1999—2012 年用水结构变化

7.1.3　基于信息熵的河南省用水结构演变分析

目前对用水结构问题的相关分析法主要有数理统计法、信息熵、生态位法、灰色系统分析法、线性回归模型、水足迹等,鉴于信息熵的优点和简便性,本部分采用信息熵的分析方法。

一、信息熵基本原理

熵作为热力学的一个概念,Shannon 首先将其引入信息论中,将其定义为信息熵,用以描述系统的不确定性、稳定程度和信息量。用水结构作为一个开放的大系统,具有"经济—社会—资源—生态"耦合的复杂性,同时也由各种子结构构成,符合信息论中信息熵的运用。因此,可引入信息熵对河南省用水结构演变进行研究。

熵是系统混乱度或无序度的数量,但获得信息却使不确定程度减少,即减少系统的熵。假设每种类型用水所占比重为每种状态出现的概率 P_i,满足 $\sum P_i = 1$ 且 $P_i \neq 0$。根据系统信息熵的定义,用水结构信息熵 $H = -\sum P_i \ln P_i$ 值的大小反映了用水结构类别的多少和各类别用水量分布的均匀程度。由于不同时间尺度所包含水资源利用类型的差异,比如环境生态变化引起生态用水的重视而增加了生态用水。为了比较用水结构系统分配的均衡性,引入均衡度 $J = \dfrac{H}{H_{max}} = -\sum P_i \ln P_i / \ln n$。均衡度 $J \in [0,1]$,其值越大,表示单一用水类型优势性越弱,用水结构系统均衡性越强。

二、信息熵和均衡度计算结果

借助信息熵和均衡度的概念和计算公式,依据河南省1999—2012年用水量及各种用水类别所占比重变化,得出历年的用水结构信息熵和均衡度,如表7-2和图7-3所示。

表7-2 河南省1999—2012年用水结构系统信息熵值计算结果表

年份	信息熵	均衡度	年份	信息熵	均衡度	年份	信息熵	均衡度
1999	0.816	0.743	2004	0.985	0.710	2009	1.033	0.745
2000	0.878	0.799	2005	1.033	0.745	2010	1.114	0.804
2001	0.831	0.756	2006	0.984	0.710	2011	1.112	0.802
2002	0.867	0.789	2007	1.045	0.754	2012	1.108	0.799
2003	0.991	0.715	2008	1.052	0.759			

由于2003年开始把生态用水单列纳入用水结构,因此在1999—2002年用水结构类型 $n=3$,$H_{max}=1.099$,2003—2012年用水结构类型 $n=4$,$H_{max}=1.386$。由表7-2和图7-3可以看出,河南省用水结构信息熵和均衡度在波动中上升。信息熵由1999年的0.816增加到2012年的1.108,均衡度从1999年的0.743增加到2012年的0.799,信息熵和均衡度值分别于2010年达到

最大值 1.114 和 0.804,说明河南省的用水结构趋向无序的方向发展,均衡性有所增加。可见,河南省用水结构受单一类型用水的影响越来越小,系统趋于稳定。

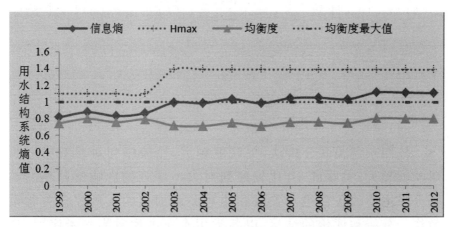

图 7-3　河南省 1999—2012 年用水结构信息熵和均衡度变化

7.1.4　河南省用水结构演变的驱动因子分析

一、灰色关联分析方法和驱动因子选择

灰色关联是表征系统动态发展过程的关联程度分析,能利用少量样本分析且不需要符合某种分布规律,能够量化度量系统变化态势,其计算步骤为:

(1)确定反映系统行为特征的参考序列 $x_0(k) = \{x_0(1), x_0(2), \cdots, x_0(n)\}$ $(k = 1, 2, \cdots, n)$ 和比较序列 $x_i(k) = \{x_i(1), x_i(2), \cdots, x_i(n)\}$ $(i = 1, 2, \cdots, m; k = 1, 2, \cdots, n)$ 并对其进行无量纲化处理。

(2)求绝对关联度 ε_{0i}。对各序列进行始点零化像处理,得 $x_0^i = x_i(k) - x_i(1)$;计算 $|S_i| = \left| \sum_{k=2}^{n-1} x_i^0(k) + \frac{1}{2} x_i^0(n) \right|$, $|S_i - S_0| = \left| \sum_{k=2}^{n-1} (x_i^0(k) - x_0^0(k)) + \frac{1}{2} (x_i^0(n) - x_0^0(k)) \right|$ 和

$$\varepsilon_{0i} = \frac{1 + |S_0| + |S_i|}{1 + |S_0| + |S_i| + |S_i - S_0|}。$$

（3）求相对关联度 π_{0i}。对各序列进行初值像处理，得 $x_i' = x_i(k)/x_i(1)$；计算 $|S_i| = \left| \sum_{k=2}^{n-1} x_i'(k) + \frac{1}{2} x_i'(n) \right|$，$|S_i - S_0| = \left| \sum_{k=1}^{n-1} \{x_i'(k) - x_0'(k) + \frac{1}{2}[x_i'(n) - x_0'(n)]\} \right|$ 和 $\pi_{0i} = \frac{1 + |S_0| + |S_i|}{1 + |S_0| + |S_i| + |S_i - S_0|}。$

（4）求综合关联度 ρ_{0i}。取 $\theta = 0.5$，计算 $\rho_{0i} = \theta \varepsilon_{0i} + (1 - \theta)\pi_{0i}$。

按照灰色关联分析法，关联度越大，比较序列对参考序列的影响就越大；关联度小，比较序列对参考序列的影响就越小。本部分采用反映灰色绝对关联和相对关联加权的灰色综合关联系数作为分析和评价的结果，以各类用水所占比重为参考序列，其驱动因子为比较序列。

农业用水主要包括农田灌溉用水和林牧渔业用水两部分，其中农田灌溉用水占到河南省农业用水的90%以上。影响农业用水比重变化的主要因素包括耕地面积变化、节水措施、第一产业产值比重、降雨量、农作物用水结构等；由于河南省耕地面积变化不明显，农作物用水结构数据难寻，比较筛选后选择节水灌溉面积占灌溉面积比重、第一产业产值比重、农业（高耗水产业）增加值占农林牧渔业比重、降雨量作为影响农业用水比重变化的影响因子。

在工业用水方面，影响工业用水比重变化的主要因素包括产业结构升级、重复利用率、高耗水行业发展；比较筛选后选择第二产业产值比重、重复利用率、工业产值比重、工业内部高耗水行业增加值变化率作为影响因子。根据工业化和信息部、水利部、国家统计局等在2013年9月25日印发的《重点工业行业用水效率指南》，选择火电行业、钢铁行业、纺织行业、造纸行业、石化和化工行业、食品和发酵行业作为高耗水行业，选择规模以上高耗水行业增加值变化率作为影响因子进行分析[①]。

生活用水包括城镇生活用水和农村生活用水（包括牲畜用水），影响生活用水比重变化的主要因素包括产业结构升级、城镇化、人口增加、生活水平提高等因素，比较筛选后选择第三产业产值比重、城镇化、平均人口增长率、人均消费支出增长率作为影响因子。生态用水包括河流、湖泊湿地和植被生态用水。影响生态用水比重变化的主要因素包括经济发展、绿地面积增加以及环境类投资等，经筛选后选择人均 GDP 增长率、建成区面积增长率、城区绿化覆盖率、人均公园绿地面积作为影响因子。

二、各类型用水结构演变的驱动因子关联性分析

农业用水、工业用水和生活用水结构变化的驱动因子分析以 1999—2012 年为时间维度。由于 2003 年才开始有生态用水指标的反映，因此，生态用水结构变化的驱动因子以 2003—2012 年为研究的时间维度。经过灰色关联分析和计算，具体结果如表 7-3 所示。由表 7-3 可以看出，按照灰色综合关联度计算结果，影响农业用水比重变化的关联性由大到小依次为农业增加值占农林渔业比重、节水灌溉面积占灌溉面积比重、第一产业产值比重、降雨量。农业作为农林牧渔业中的高耗水产业，其在农林牧渔业中的比重从 1999 年的 65.68% 下降到 2012 年的 61.43%，其相对规模的缩小对于发展节水型经济具有重要的意义。节水灌溉面积占灌溉面积的比重从 2003 年的 24.4% 增加到 2012 年的 32.73%，其比重的增加有助于提高农田灌溉用水的效率和节约农业用水。产业结构优化、农业用水效益较低导致农业用水向工业用水转

---

① 根据《重点工业用水效率指南》，火电、钢铁、纺织、造纸、石化和化工、食品和发酵等高用水行业取水量占工业取水量的 50% 左右。因此选取火电、钢铁、纺织、造纸、石化和化工、食品和发酵行业作为高耗水工业。具体见：中华人民共和国工业和信息化部关于印发《重点工业行业用水效率指南》的通知，(http://www.miit.gov.cn/n11293472/n11293832/n12843926/n13917012/15668901.html)。

移。而降雨量的多少对于农业用水比重变化的波动具有重要的影响作用,如 2003 年降雨量在考察期内最为充沛,该年农业用水为 113.3 亿 m³,为考察期最低用水量。因此降雨量的多少仍是农业用水变化的驱动因子,但由于农田灌溉设施的完善以及灌溉效率的提高,降雨量影响较为有限。

由表 7-3 可以看出,影响工业用水比重变化的驱动因子关联性大小依次为第二产业产值比重、工业用水重复率、工业增加值增长率和高耗水产业增加值增长率。工农业二元经济结构体系促使水资源从农业向工业转移,而工业用水重复率的提高减缓了工业用水增加的速度,包括高耗水工业的发展带动了工业用水的增加。值得注意的是,河南省高耗水工业增加值的增长速度(1999—2012 年增加了 9.69 倍)大于工业增加值(同期增加为 7.68 倍)的增长速度,由此可见,河南省粗放型和高耗水型的工业增长方式并未得到转变。

表 7-3　用水结构变化的驱动因子及关联度分析

参考序列 (用水比重变化)	比较序列 (驱动因子)	绝对关联	相对关联	综合关联
X_{10} (农业用水比重)	X_{11}(节水灌溉面积占灌溉面积比重)	0.90	0.71	0.80
	X_{12}(第一产业产值比重)	0.51	0.75	0.63
	X_{13}(农业增加值占农林渔业比重)	0.86	0.86	0.86
	X_{14}(降水量)	0.50	0.75	0.62
X_{20} (工业用水比重)	X_{21}(第二产业产值比重)	0.51	0.91	0.71
	X_{22}(工业增加值增长率)	0.51	0.55	0.53
	X_{23}(高耗水产业增加值增长率)	0.51	0.54	0.52
	X_{24}(工业用水重复利用率)	0.51	0.66	0.59

参考序列 （用水比重变化）	比较序列 （驱动因子）	绝对 关联	相对 关联	综合 关联
X_{30} （生活用水比重）	X_{31}（第三产业产值比重）	0.56	0.59	0.58
	X_{32}（城镇化	0.69	0.65	0.67
	X_{33}（平均人口增长率）	0.89	0.66	0.77
	X_{34}（城镇居民人均可支配收入增长率）	0.53	0.61	0.57
X_{40} （生态用水比重）	X_{41}（人均 GDP 增长率）	0.52	0.93	0.73
	X_{42}（建成区面积增长率）	0.57	0.65	0.61
	X_{43}（城区绿化覆盖率）	0.51	0.58	0.54
	X_{44}（人均公园绿地面积 ）	0.52	0.62	0.57

影响生活用水比重变化的驱动因子依次为平均人口增长率、城镇化、第三产业产值比重和城镇居民人均可支配收入增长率。说明平均人口增长率和城镇化对生活用水变化的影响比较大，而第三产业发展和城镇居民人均可支配收入影响较小。人口的增加、城镇化的发展、生活水平提高带来的生活方式的改变和第三产业的发展对生活用水增加的影响在未来一段时期内还会持续存在，因此，提高人们的节水意识、减少人均生活用水量和提高餐饮酒店旅游业的用水效率才是减少生活用水比重的最有效途径。

由生态用水比重的驱动因子关联系数大小可以看出，人均GDP 增长率对生态用水增加影响最大，建成区面积增长率次之，然后是人均公园绿地面积和城区绿化覆盖率。生态系统的恶化影响人类的生存和发展，而发展水平的提高、生态意识的提高会增加对生态用水的需求。城镇环境用水、防护林草用水、水土保持生态用水和自然植被用水属于河道外生态用水。其中，城镇环境用水又分为城镇绿地灌溉用水和环境卫生清洁用水。建成区面积、人均公园绿地面积、城区绿化覆盖率的增加了提高了城镇环境用水的需求,由于生态用水不仅包括除城镇环境用水外的其他河道外生态用水,还包括河道内生态用水,因此,成区绿化覆盖率和人均公园绿地面积对生态用水需求的变化驱动并不是特别明显。

三、综合讨论与结语

为了进一步讨论反映用水结构系统信息熵演变的驱动因子,本部分选取灰色综合关联系数大于 0.6 以上的各类型用水结构演变驱动因子作为影响信息熵演变的驱动因子进行进一步的关联性分析,统一采用 2003—2012 年为时间维度,结果如表 7-4 所示。由表 7-4 可知,河南省用水结构系统信息熵关联性大于 0.6 以上的驱动因子由大到小依次为农业增加值占农林渔业比重、平均人口增长率、节水灌溉面积占灌溉面积比重、城镇化、第一产业产值比重、第二产业产值比重、建成区面积增长率。由此可见,河南省的用水结构信息熵演变和农业灌溉方式、农业结构调整、产业结构调整、城镇化密不可分。河南省是人口大省,也是农业大省,其人口增长、农业发展以及产业结构调整、城镇化与水资源利用及分配相互制约和影响。

表 7-4 用水结构系统信息熵驱动因子的关联度分析

驱动因子	X_{11}	X_{12}	X_{13}	X_{14}	X_{21}	X_{32}	X_{33}	X_{41}	X_{42}
绝对关联	0.9372	0.5256	0.9856	0.5002	0.5086	0.9144	0.9100	0.5240	0.6112
相对关联	0.7497	0.8153	0.8687	0.6702	0.7943	0.6630	0.9036	0.5363	0.6425
综合关联	0.8435	0.6705	0.9271	0.5852	0.6514	0.7887	0.9068	0.5302	0.6288

因此,河南省在 1999—2012 年间,用水效率得到提高,万元

GDP 趋于下降,但各种类型用水生产率发展并不平衡。随着社会经济发展,河南省用水结构信息熵不断增长,系统发展趋向于均衡化发展,但仍有小幅波动。从各种类型用水结构驱动因子和信息熵的驱动因子灰色关联计算结果来看,河南省用水结构演变与河南省农业型大省的省情和农业灌溉方式及社会经济结构有着多方面的密切关系,这为河南省下一步用水结构调整和水资源配置与优化提供了进一步的参考。可以通过发展节水灌溉与农业结构调整,把节水减排作为调整经济结构的重要突破口,加大节水投入,积极推广喷灌、滴灌等节水技术,大力发展高效节水农业,才能提高用水效率,有效缓解水资源紧缺状况,从而促进用水结构优化。

由于用水结构与产业结构优化密切相关,因此在用水结构优化上,可通过产业结构升级促进用水结构优化,从调整产业结构和转变经济增长方式入手,提高关键技术和重大装备制造水平,加快淘汰落后的工业生产技术和工艺,将水资源使用效率和水环境评价作为产业发展政策的重要量化指标,从长远的角度优化用水结构,缓解水资源紧张的局面。

7.2　河南省水资源利用效率演变与影响因素分析

7.2.1　水资源利用效率界定与研究

一、水资源利用效率的界定

水资源是社会经济发展的重要支撑和保障,在水资源供给约束的前提下,解决水资源供需不足的问题只有两个途径:一是水资源使用的总量控制,二是水资源利用效率的提高。水资源使用的总量控制是社会经济可持续发展的前提条件,而水资源利用效率的提高是能否对水资源使用进行总量控制的关键,关系到水资源安全战略的实现。专家、学者、政策制定者、公众都意识到提高水资源利用效率的重要性。在已有的研究中,学者们纷纷界定了水资源利用效率,这也导致水资源利用效率的界定较多,没有统一标准,总体而言包括如下几种[①]:

(1)单位水产出法

该方法用单位水资源的产出来衡量水资源利用效率,其计算公式为:研究区域的水资源利用效率=研究区域的国内生产总值/用水量。这种方法计算简单,且使用方便,有利于对不同发展阶段经济体的水资源产出效率进行比较。

(2)单方水增加值法

该方法用单方水的增加值来衡量水资源利用效率,其计算公式为:研究区域的水资源利用效率=研究区域的产业增加值/研究区域的对应产业用水量。这种方法的优点和单位水产出法相同,但该方法更侧重于某类用水效益评价。

(3)全要素生产率法

全要素生产率法通过 DEA 模型测算出研究区域实现当年GDP 的最小水资源消耗量,然后用该测算值与研究区实际用水量的比值来衡量水资源利用效率。计算公式为:研究区域的水资源利用效率=研究区域的最小水资源消耗量测算值/研究区域的实际用水量。这种方法用比例或百分比的形式来衡量研究区域的水资源有效利用程度,但不能全面反映研究区域的水资源效率或产出,便于对同一发展阶段的不同经济体之间水资源利用效率的比较。

如何测度和提高水资源利用效率水平,全面客观地评价当前各地区水资源的利用效率状况及潜力,是各地区水资源政策制定者所关注的焦点问题。综合各种评价方法(包括单位水产出法、

---

① 陈刚.中国水资源利用效率的区域差异研究[D].大连理工大学,2009.

单方水增加值法和全要素生产率法)的优缺点,为了更好地研究河南省水资源的利用效率,而非效益,本节采用单方水的产出来衡量水资源利用效率。

二、水资源利用效率分析的文献研究

水资源的供需矛盾突出使得水资源利用效率问题受到越来越多的关注。现有的研究主要集中在水资源利用效率评价方法、指标选取和水资源利用的行业效率分析等方面。

水资源利用效率的评价方法通常采用生产函数分析法、随机前沿分析技术、数据包络分析法和比值分析法等。Kancko et al(2004)基于 C—D 生产函数对中国 1999—2002 年间的农业用水效率进行测算,指出农业用水具有较大节水潜力。王学渊、赵连阁(2008)利用随机前沿分析(SFA)模型研究了我国 31 个省区的灌溉用水效率,得出我国农业用水效率较低的结论。孙爱军、董增川、王德智(2007)等则运用了 SFA 模型对中国 1953—2004 年的工业用水效率进行测算。邱林、田景环、段青春(2005)运用数据包络分析研究了城市供水的效率。刘渝、杜江、张俊飚(2007)利用数据包络分析方法(DEA)计算并比较出湖北省内各市、州的水资源利用效率评价指标。孙才志、李红新(2008)利用辽宁省 14 个城市 1999—2005 年的相关数据,运用数据包络分析研究了辽宁省水资源利用相对效率的时空分异。李世祥(2008)利用因子分析和比值分析法研究了中国水资源利用效率的区域差异问题,认为中国中、西部地区的水资源利用效率收敛趋势明显,而东部地区不存在收敛趋势,经济发达的东部地区水资源利用效率较高,经济欠发达的中、西部地区水资源利用效率较低,而导致中国水资源利用效率存在区域差异的最重要因素是地区经济发展水平的差异。钱文婧、贺灿飞(2011)采用 1998—2008 年的省际数据,利用全要素生产框架基于投入导向数据包络分析模型研究了中国水资源利用效率的区域差异及影响因素。钱堃、朱显成(2008)则以 PAT 方程为理论基础建立水资源效率模型。

　　关于水资源的行业效率分析,主要集中在农业用水、工业用水和生活用水三大类别用水的效率分析上,其中,这类文献优于农业用水效率和工业用水效率的可得性。农业用水效率的研究如前所述的 Kancko et al(2004),王学渊、赵连阁(2008),其从不同角度测度了中国农业灌溉用水的效率。关于工业用水效率的研究更为丰富,如卜庆才、陆钟武(2004)研究了影响钢铁工业水资源利用效率的因素,认为在钢铁工业水资源重复利用率提高比较困难的情况下,中水回用可以提高钢铁工业水资源利用效率。朱启荣(2007)对中国各地区的工业用水效率及其影响因素与节水潜力进行了实证研究,认为各地区工业用水效率的差异是由工业结构水平、外商投资规模和水资源禀赋等因素共同作用的结果。为了进一步提升工业用水效率,中国工业和信息化部、水利部、统计局等单位在 2013 年联合颁布了《重点工业用水效率指南》,用来衡量和评价工业企业用水效率水平以及指导工业企业开展节水措施。

　　在诸多的水资源利用效率文献研究中,水资源利用效率的评价指标选取是关键。评价指标常用到经济指标(如万元 GDP 用水量)和水资源类消耗量指标两类指标。在历年的中国及地区水资源公报中,与水资源利用效率相关的指标有万元 GDP 用水量、万元工业产值增加值用水量、人均用水量等,这些指标可以用来比较某时点内各区域水资源利用效率的相对大小,但这些指标选取较为单一,在此基础上,宋岩、刘群昌、江培福(2013)在综合用水效率文献的研究基础上,在区域用水效率评价指标体系构建的目标层下,结合综合用水、农业用水、工业用水、生活用水、生态用水和用水管理的准则层,构建了包括万元绿色 GDP 用水量、万元GDP 用水量递减率、生产/生活/生态用水比例、灌溉水利用系数、工业用水重复利用率、综合漏失率、水体纳污率、节水宣传力度等较为全面的 28 个指标用以全面综合反映区域用水效率。

　　综上所述,现有的水资源利用效率评价包括生产函数法、包络分析法、前沿生产函数法等,每种方法侧重点各有差异,但研究的结论大同小异。基于研究问题的简化和数据的可得性,本部分采用比值分析法和因子分析法,以测度河南省的水资源利用效率及影响因子。

7.2.2　河南省水资源利用效率的演变与区域差异

一、河南省水资源利用效率的演变

从前面关于用水结构部分内容分析可知,随着节水技术的进步和经济发展,用水量在趋于增长的同时,用水效率也趋于提高。河南省从 1999 年到 2012 年,农牧渔业增加值、工业增加值和 GDP 分别从 1130.753 亿元、1729.29 亿元和 4517.94 亿元增加到 3769.52 亿元、15017.56 亿元和 29599.31 亿元,三者对应的增幅为 2.33 倍、7.68 倍和 5.55 倍,而对应的用水量增幅分别为一 0.19 倍、0.49 倍和 0.04 倍。因此,用水效率提升比较明显。河南省每方农业用水、工业用水和总的用水效率分别从 7.08 元、42.80 元和 19.77 元提高到 17.81 元、248.22 元和 124.05 元。从图 7-4 可以看出,全国(除港、澳、台外)每方农业用水、工业用水

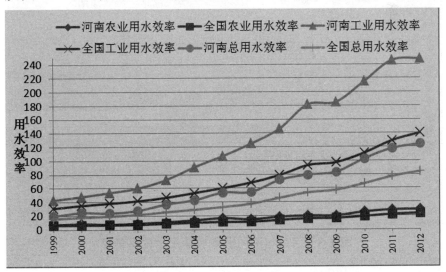

图 7-4　河南用水效率与全国平均水平比较

和总的用水效率分别为从 6.34 元、30.94 元和 15.83 元提高到
12.1 元、140.23 元和 84.06 元,因此,河南省整体水资源利用效
率高于全国平均水平。

二、河南省水资源利用效率的区域差异

结合河南省豫北、豫西、豫东、豫南不同区域的实际情况,分
析水资源利用效率的区域差异,绘制农业用水效率(图 7-5)、工业
用水效率(图 7-6)、总的用水效率(图 7-7)区域比较图。从图 7-5
可以看出,各区域农业用水效率都趋于上升,豫西、豫东、豫南地
区农业用水效率在波动中趋于上升,豫南地区在河南省内属于农
业用水效率最高的区域,豫北地区在河南省内属于农业用水效率
最低的区域。从图 7-6 可以看出,各区域工业用水效率上升趋势
明显,且增速较快。豫东地区工业用水效率最高,豫北地区、豫南
地区次之,豫西地区工业用水效率最低。从图 7-7 可以看出,豫西
地区总用水效率最高,其次是豫东、豫北地区,豫南地区用水效率
最低。由此可见,全省水资源利用效率整体都在提高,但各地区
之间用水效率增长各有差异(图 7-8)。

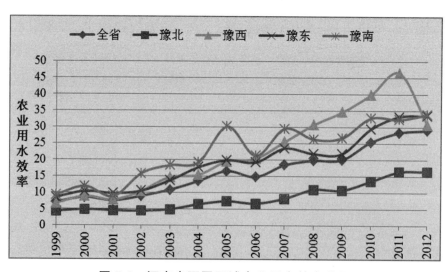

图 7-5　河南省不同区域农业用水效率差异

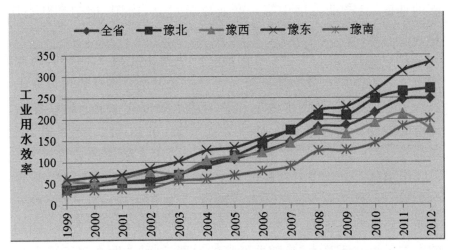

图 7-6　河南省不同区域工业用水效率差异

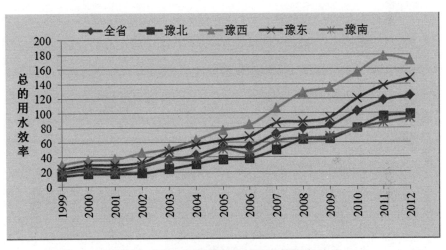

图 7-7　河南省不同区域总用水效率差异

从图 7-8 可以看出,工业用水效率的增长速度远远大于农业用水效率。农业用水效率增长速度从高到低依次为豫东、豫南、豫西、豫北,工业用水效率增长速度从高到低依次为豫东、豫北、豫南、豫西,总的用水效率从高到低依次为豫西、豫东、豫北、豫南,除农业用水效率增长速度与农业用水效率排序略有差异外,工业用水效率增长速度与总的用水效率增长速度和用水效率排序基本一致。豫西地区的三门峡、洛阳、平顶山经济发展较为均衡,而豫南地区的驻马店、信阳和南阳是河南省内水资源相对丰富的地区,且产业发展中第一产业比重过高,南阳、信阳和驻马店在 2012 年第一产业中所占比重分别为 18%、26.53% 和 25.54%,远远超过同年河南省第一产业所占比重 12.47%,因此,豫南地区整体用水效率增长较为缓慢。通过进一步计算可以看出,农业用水效率、工业用水效率和总的用水效率在豫北、豫西、豫东、豫南间的变异系数分别从 1999 年的 0.31、0.33 和 0.33 降到 2012 年的 0.29、0.29 和 0.30,和全国不同省份用水效率的差异性相比(从《中国统计年鉴 2013》可以看出,2012 年,全国(除港、澳、台外)不同省、市、自治区之间农业用水效率、工业用水效率和总的用水效率的变异系数分别为:0.50、0.96 和 0.97),河南省内不同区域用水效率差异性并不算大,且随着经济的发展,这种差距在趋于缩小。

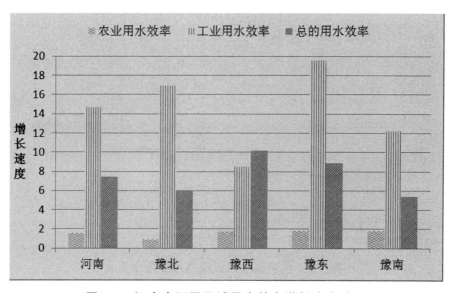

图 7-8　河南省不同区域用水效率增长速度差异

7.2.3　河南省用水效率影响因素分析

一、用水效率影响因素

(1)水资源禀赋。河南省属于全国水资源极度紧缺的六大地区之一,2012年人均水资源为282.6m³,约为全国平均水平的1/8。省内人均水资源分布并不均匀,以2012年为例,人均水资源禀赋最高的为三门峡市(人均水资源量为615.7m³),是最低的郑州市(人均水资源量为115.7m³)的5.3倍,这种区域间的水资源禀赋差异可能会通过用水价格影响其节水积极性和用水效率。

(2)产业结构优化对用水效率的影响。地区间的产业结构状况对工业用水效率有较大影响,由上所述,农业用水效益低于工业用水效益,农业比重较高的地区,其用水效益自然较低,低水平、粗放式的工业结构,其投入—产出水平较低,其用水效率也较低。

(3)经济发展水平对用水效率的影响。根据贾绍凤(2001)对发达国家和地区的经济发展与水资源使用量之间关系的研究发现,当一个国家或地区的人均GDP达到一定水平后,其工业用水量反而会随着人均GDP的提高而减少。经济发展水平可能会通过节水技术、水价市场化方式等影响用水效率。

二、实证分析

为了进一步验证各因素对用水效率的影响,单方水所创造的GDP作为用水效率的指标,即因变量(y),选择地区人均水资源量作为水资源禀赋状况(x_1),地区的人均GDP代表经济发展水平(x_2),因为目前并没有产业结构优化的统一测量标准,借鉴徐德云(2008)的研究结果,用产业结构优化程度(x_3)($x_3 = \sum_{j=1}^{3} l_j \times j = l_1 \times 1 + l_2 \times 2 + l_3 \times 3$)表示。其中$x_3$表示产业结构优化指数,$l_j$表示第二产业的增加值与整个GDP的比值,$x_3$(取值范围为[1,3])指标越接近1,意味着该地区产业结构层次越低;越接近于3,该地区产业结构层次越高。利用2000—2013年的《河南省统计年鉴》关于1999—2012年的有关数据,做面板数据的多元线性回归。利用Eviews软件对计量模型进行回归,研究希望截距项反映一定的个体特征,截距项和各解释变量之间存在一定的相关性,从定性角度看,选择固定效应会更适合本模型的估计,豪斯曼检验结果也支持个体固定效应模型优于个体随机效应模型,得到多元线性回归方程如下:

$$y = -141.371 + 0.004x_2 + 68.091x_3$$

因为用水效率单方水所创造的 GDP 作为被解释变量 y 的衡量指标,所以该值越大表示用水效率越高。因为回归方程中人均水资源量(x_1)回归系数在 10％ 的显著水平下未通过检验,故舍去。回归方程表示用水效率和经济发展程度以及产业结构优化程度正相关,经济发展水平的提高和产业结构的优化都会促进用水效率的提高。该结论和前面的因素理论分析基本相符。从回归系数还可以看出,产业结构优化对用水效率的影响最大,社会经济发展水平对用水效率的影响作用相对较小。

三、基本结论

通过本部分的分析可以看出,各地区用水效率存在差异。地区间的用水效率差异主要是由社会经济发展状况和产业结构优化状况等因素共同作用的结果,这和全国层面的用水效率影响因素有所区别(李世祥、成金华、吴巧生(2008))。原因在于河南省属于水资源极度缺乏的地区,尽管不同地区水资源禀赋有所差别,但是整体差异相对于全国省际差距来说并不大,而且,河南省不同地级市水价政策差别并不明显,这使得水价调节水资源禀赋和用水效率的作用未能在结果中体现出来。因此,水资源禀赋对用水效率的影响并不明显。

由本部分分析可知,各地区用水效率存在的差异主要是由社会经济发展水平和产业结构优化程度决定的。因此,制定国家层面的节水计划及目标时,应根据地区的情况,制定出有区别的区域节水目标和政策措施。区域节水目标和政策措施总体上要能实现产业用水关联系统的节水效应,实现单位水资源生产力最大化,提高水资源利用效率,缓解水资源短缺的局面,促进一、二、三产业健康协调发展,调整农业内部产业结构,提高农业用水效率,

重点发展经济带动性强、水资源依赖度低的工业部门,充分发挥
金融和其他服务业作用,推动第三产业内部结构升级。

7.3　河南省用水结构与效率 地区差异的综合分析

7.3.1　用水结构与效率差异的描述性统计与研究方法

一、用水结构与效率地区差异的描述性统计

由于地区水资源禀赋、气候自然条件、社会经济条件、水资源
利用等诸多变量的不同,河南省各地区用水结构与效率具有差异
性。本部分以水资源行政分区为基本单元,选择河南省的 18 个
地级市作为基本区域,选取农业用水、工业用水、生活用水作为用
水结构地区差异的分析指标,农业用水生产率、工业用水生产率、
总用水生产率作为用水效率地区差异的分析指标,研究所用数据
来自《河南省水资源公报》(1999—2012)和《河南统计年鉴》
(2000—2013)。

各地区用水结构差异、用水效率差异的统计性分析指标见表
7-5 和表 7-6。由表 7-5 可以看出,1999—2012 年河南省 18 个地
市农业、工业和生活用水比重的标准差、变异系数、极差总体上都
在小幅波动中趋于上升。从表 7-6 可以看出,1999—2012 年河南
省 18 个地市农业、工业和总的用水效率标准差和极差都趋于上
升,农业用水效率在各地区间的变异系数趋于增长,工业用水效
率在各地区间的变异系数趋于下降,总用水效率在各地区间的变
异系数较为稳定。

表 7-5　1999—2012 年河南省各地区用水结构差异的统计性分析

年份	农业用水比重			工业用水比重			生活用水比重		
	标准差	变异系数	极差	标准差	变异系数	极差	标准差	变异系数	极差
1999	0.097	0.141	0.326	0.083	0.442	0.278	0.045	0.355	0.129
2000	0.114	0.179	0.357	0.103	0.470	0.294	0.055	0.384	0.187
2001	0.112	0.167	0.374	0.090	0.464	0.273	0.046	0.334	0.139
2002	0.117	0.179	0.374	0.091	0.478	0.320	0.064	0.406	0.183
2003	0.154	0.266	0.461	0.102	0.462	0.300	0.086	0.432	0.269
2004	0.129	0.211	0.379	0.093	0.454	0.279	0.066	0.356	0.184
2005	0.143	0.250	0.412	0.111	0.474	0.345	0.062	0.322	0.172
2006	0.163	0.273	0.460	0.123	0.548	0.349	0.067	0.373	0.205
2007	0.169	0.304	0.500	0.133	0.517	0.388	0.065	0.348	0.199
2008	0.170	0.300	0.517	0.126	0.511	0.378	0.077	0.408	0.271
2009	0.169	0.299	0.508	0.134	0.526	0.390	0.069	0.382	0.272
2010	0.170	0.311	0.435	0.137	0.516	0.391	0.067	0.357	0.276
2011	0.177	0.335	0.532	0.139	0.503	0.397	0.092	0.460	0.415
2012	0.165	0.303	0.531	0.130	0.489	0.396	0.092	0.487	0.430

表 7-6　1999—2012 年河南省各地区用水效率差异的统计性分析

年份	农业用水生产率			工业用水生产率			总用水生产率		
	标准差	变异系数	极差	标准差	变异系数	极差	标准差	变异系数	极差
1999	3.305	0.448	8.961	22.451	0.454	93.330	9.871	0.449	32.760
2000	4.271	0.468	13.475	22.495	0.417	100.107	11.021	0.412	37.159
2001	3.561	0.445	10.344	16.173	0.274	67.244	12.217	0.455	41.575
2002	5.251	0.532	15.226	35.394	0.475	159.117	14.383	0.453	44.764
2003	8.756	0.649	31.432	29.928	0.343	124.381	18.145	0.439	58.192
2004	7.661	0.520	21.056	33.078	0.304	137.297	20.358	0.427	75.680
2005	11.049	0.593	32.421	28.038	0.234	110.282	21.728	0.388	76.984
2006	10.692	0.606	34.969	44.552	0.304	178.993	28.527	0.466	95.547
2007	13.340	0.602	37.766	56.442	0.332	211.492	34.490	0.442	115.853
2008	14.991	0.626	52.971	75.235	0.357	290.341	41.148	0.453	121.476
2009	14.528	0.597	45.155	76.046	0.361	248.746	45.747	0.480	150.081
2010	16.134	0.550	51.705	98.987	0.396	307.777	52.841	0.463	180.667
2011	16.407	0.497	55.742	96.393	0.355	302.793	58.000	0.444	189.029
2012	15.931	0.506	48.039	104.480	0.375	388.440	62.307	0.473	207.383

二、用水结构与效率地区差异的研究方法

(1)用水结构与用水生产率的区位熵

区位熵又称专门化率。本部分中所涉及的用水结构和用水生产率的区位熵采用统一的计算公式。假定 $j(j=1,2,\cdots,m)$ 地区有 N 种用水类型,第 $I(i=1,2,\cdots,N)$ 种用水结构(生产率)的区位熵计算公式为:

$$D_i^j = (Y_i^j/Y_i)/(W^j/W) \qquad (7\text{-}1)$$

①用水结构的区位熵指某地区某类用水量占区域该类用水总量的比值比上该地区用水总量占区域总用水量的比值。式中,D_i^j 表示 j 地区第 I 种用水的区位熵;Y_i^j 表示 j 地区第 I 种用水量;Y_i 为区域 i 种用水量;W^j 表示 j 地区用水总量;W 为区域总用水量。$D_i^j>1$ 表示 j 地区第 I 种用水所占比大于区域平均值,$D_i^j<1$ 表示 j 地区第 I 种用水所占比小于区域平均值。

②用水生产率的区位熵指某地区某类用水所创造的产业增加值占区域对应产业增加值比例与该种用水量占总用水量比例的比值。在公式(7-1)中,D_i^j 表示 j 地区第 I 种用水生产率的区位熵,Y_i^j 表示 j 地区第 I 种用水量所创造的产业增加值,Y_i 为区域 i 种用水量所创造的产业增加值,W^j、W 含义同上。$D_i^j>1$ 时表示 j 地区 i 种用水类型的用水效率高于区域综合平均用水效率,且 D_i^j 值越大,j 地区 i 种用水的用水效率越高。当 $D_i^j<1$ 时,表示 j 地区 i 种用水类型的用水效率低于区域综合平均用水效率,且 D_i^j 值越小,表明 j 地区 i 种用水的用水效率越低。为简化分析,本部分中农业、工业、总用水所创造的产业增加值分别对应的是农林牧渔业增加值、工业增加值和 GDP。

(2)用水结构与用水生产率的洛伦茨曲线和基尼系数

①洛伦茨曲线。洛伦茨曲线是美国经济统计学家在 1905 年提出用来描述社会财富分配是否公平的一种分析手段。在洛伦茨曲线(图 7-9)中,横坐标 x 表示按收入分配由低到高分组得到的累计人口百分比,纵坐标 y 代表累积收入百分比,$y=f(x)$ 曲线

是一条向内凹的曲线,其弯曲程度具有重要意义,反映了收入分配的不平等程度。$y=x$ 为绝对均匀 45 度线,当 $y=f(x)$ 曲线与绝对均匀 45 度线越接近,说明地区间收入存在的差距越小,财富分配越均等;反之,则表示地区间差距越大,财富分配越不均等。

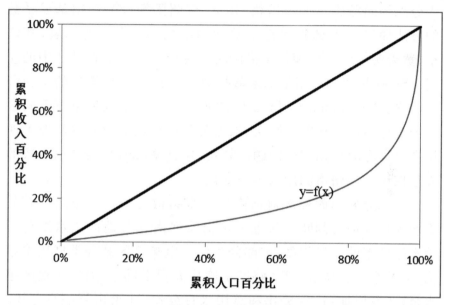

图 7-9　洛伦茨曲线

②基尼系数。基尼系数是在 1912 年由意大利经济学家基尼(Corrado Gini)在洛伦茨曲线的基础上提出来的,是国际上用来综合考察居民内部收入分配差异状况的一个重要分析指标。洛伦茨曲线是反映收入比例与人口分布比例之间关系的函数。如设 $I=I(P)$,式中,I 是收入分布的百分比,P 是人口分布的百分比。基尼系数的定义是:

$$\text{Gini 系数} = \frac{45\ \text{度线与实际洛伦茨曲线围成的图形面积}}{45\ \text{度线下直角三角形的面积}}$$

$$= \frac{\int_0^1 [P - I(P)]\mathrm{d}P}{\int_0^1 P\mathrm{d}P} = 2\int_0^1 [P - I(P)]\mathrm{d}P$$

如果洛伦茨曲线与绝对不平均线重叠,那么基尼系数=1,表示收入分配绝对不平均。基尼系数在 0~1 取值,0~0.2 之间表示高度平均;0.2～0.3 之间表示相对平均;0.3～0.4 之间表示较为合理;0.4～0.5 之间表示差距偏大;0.5 以上为差距悬殊。由于计算方法简单方便,评价结果直观而又准确,所以洛伦茨曲线和基尼系数被广泛应用于地区资源消耗公平性评价、企业销售收入分配等问题中。如汪雪格、杨洁、李昭阳等(2007)用基尼系数的方法探讨了吉林省西部土地利用结构的变化。郝彦喜、郑晓东、黄天源等(2011)探讨了洛伦茨曲线和基尼系数在林业中的应用。Saboohi(2001)用基尼系数探讨了伊拉克能源消耗的空间分布情况。Druckman & Jackson(2008)用基尼系数量化了不同区域的资源不平均程度。鲍文、陈国阶(2008)用基尼系数研究了四川省水资源的生态安全问题。刘欢、左其亭(2014)用基尼系数的方法探讨了郑州市的用水结构变化。

本部分采用此标准对河南省用水结构与生产率空间分布的不均衡程度进行判断。为进一步衡量河南省各地区用水结构和用水生产率的差异程度,本部分在计算出某地区某种类型用水结构/生产率的区位熵之后,将区位熵从大到小排序,列出各地区用水量(产业增加值)百分比和总用水百分比,并求出累积百分比。最后,以各地区用水累积比为横坐标,以某种用水(产业增加值)的累积百分比为纵坐标,绘出区域各类型用水(产业增加值)的洛伦茨曲线。在洛伦茨曲线的绘制基础上求解基尼系数有很多种计算方法,本部分采用梯形面积法。其公式如下:

$$\text{Gini 系数} = 1 - \sum_{n=0}^{i} (E_i - E_{i-1})(F_i + F_{i+1}) \qquad (7\text{-}2)$$

式中,E_i 为总用水量等指标的累积百分比,F_i 为某种用水量(产业增加值)的累积百分比;当 $i=1$ 时,(E_{i-1}, F_{i-1}) 视为 $(0,0)$。

7.3.2 用水结构与效率地区差异的实证分析

一、用水结构和用水生产率的区位熵初步分析

根据上述方法,本部分以 2012 年河南省各地区各种类型用

水和产业增加值数据为例,进行区位熵计算,结果见表 7-7。

表 7-7　2012 年河南省各地区各种用水结构和生产率区位熵

地区	农业用水区位熵	工业用水区位熵	生活用水区位熵	农业用水生产率区位熵	工业用水生产率区位熵	总的用水生产率区位熵
郑州	0.352	1.109	2.690	1.267	1.966	2.209
开封	1.276	0.651	0.658	0.946	0.871	0.719
洛阳	0.532	2.011	1.054	1.848	0.860	1.665
平顶山	0.862	1.703	0.508	0.575	0.419	0.646
安阳	1.225	0.652	0.801	0.717	1.439	0.934
鹤壁	1.150	0.704	0.949	0.730	1.816	1.001
新乡	1.254	0.704	0.656	0.579	1.038	0.746
焦作	1.022	1.278	0.591	0.595	0.950	0.978
濮阳	1.143	0.778	0.873	0.477	0.750	0.498
许昌	0.663	1.571	1.235	2.162	1.373	1.758
漯河	0.675	1.755	0.969	1.967	0.989	1.373
三门峡	0.571	1.997	0.962	2.206	1.235	1.990
南阳	0.986	1.092	0.926	1.233	0.707	0.853
商丘	1.176	0.643	0.951	1.139	0.913	0.736
信阳	1.171	0.594	1.028	1.141	0.666	0.628
周口	1.231	0.567	0.891	1.115	0.958	0.658
驻马店	1.308	0.408	0.874	1.301	1.470	0.812
济源	1.016	1.209	0.692	0.472	1.553	1.344

从表7-7的各种用水结构区位熵可以看出,农业用水区位熵大于1的地区有开封、安阳、鹤壁、新乡、焦作、濮阳、商丘、信阳、周口、驻马店、济源,这类地区农业用水占比大于河南省平均水平,如驻马店的农业用水占比达到72.68%,远高于全省55.58%的农业用水占比水平。农业用水区位熵小于1的地区有郑州、洛阳、平顶山、许昌、漯河、三门峡、南阳,这类地区农业用水占比小于河南省平均水平,如郑州的农业用水占比为19.57%,远小于全省平均水平。工业用水占比区位熵大于1的地区有郑州、洛阳、平顶山、焦作、许昌、漯河、三门峡、南阳、济源,这类地区工业用水占比大于河南省平均水平,如工业用水区位熵最高的三门峡地区,工业用水占比高达49.33%,远高于24.70%的全省工业用水占比平均水平。工业用水区位熵小于1的地区有开封、安阳、鹤壁、新乡、濮阳、商丘、信阳、周口、驻马店,这类地区工业用水占比小于河南省平均水平,如工业用水区位熵最小的驻马店地区,工业用水占比才10.05%。生活用水区位熵大于1的地区有郑州、洛阳、许昌、信阳,这类地区生活用水占比高于全省平均水平,如生活用水占比区位熵最高的郑州,生活用水占比高达53.04%,远高于19.72%的全省平均水平;而其他地区生活用水占比区位熵均小于1,这些城市生活用水占比小于全省平均水平,如平顶山,生活用水占比才达10.02%。

从表7-7的各种用水效率区位熵可以看出,农业、工业用水生产率区位熵均大于1的地区有郑州、许昌、三门峡、驻马店,这四个地区两类用水生产率均大于全省平均水平,其他地区要么农业用水生产率区位熵大于1,要么工业用水生产率区位熵大于1。总的用水生产率大于1的地区有郑州、洛阳、鹤壁、许昌、漯河、三门峡、济源,这些地区总用水生产率大于全省平均水平。

二、用水结构和生产率的区位熵综合分析

为对各地区用水结构和生产率的区位熵进行综合分析,以农业、工业用水结构区位熵系数为横坐标,农业、工业用水生产率区位熵系数为纵坐标,以各类型用水结构区位熵系数为 1 的直线和各用水生产率区位熵系数为 1 的直线将横纵坐标分成四个象限,把 18 个地区分为四类。见表 7-8 和图 7-10,图 7-11,由此可以看出,在图 7-10 中,郑州、洛阳、许昌、漯河、三门峡、南阳在农业用水结构——生产率区位熵二维图中处于第 Ⅱ 象限,农业用水占比相对较小,但农业用水效率相对较高。在图 7-11 中,安阳、鹤壁、新乡、驻马店在工业用水结构——生产率区位熵二维图中处于第 Ⅱ 象限,工业用水占比相对较小,但工业用水效率相对较高。另外,在图 7-10 中,商丘、信阳、周口、驻马店位于第 Ⅰ 象限,这四个地区农业用水占比较大,且农业用水效率相对较高;在图 7-11 中,郑州、许昌、三门峡、济源位于第 Ⅰ 象限,这四个地区工业用水占比较大,且工业用水效率相对较高。其他地区要么位于第 Ⅲ 象限,要么位于第 Ⅳ 象限。在图 7-10、图 7-11 中处于第 Ⅰ、Ⅱ 象限所涉及的地区有 14 个,占据了河南省的多数。这从一个角度论证了由于水资源禀赋、社会经济条件、水资源利用方式的差异,各地区经济发展过程中各有所长,比较优势有所不同。

表 7-8　以各类型用水结构和生产率区位熵系数为 1 划分象限

	各类型用水生产率 区位熵系数<1	各类型用水生产率 区位熵系数>1
各类型用水结构 区位熵系数<1	(Ⅲ)该类型用水所占比相对较小,且用水效率相对较低。	(Ⅱ)该类型用水所占比相对较小,但用水效率相对较高
各类型用水结构 区位熵系数>1	(Ⅳ)该类型用水所占比相对较大,但用水效率相对较低。	(Ⅰ)该类型用水所占比较较大,且用水效率相对较高。

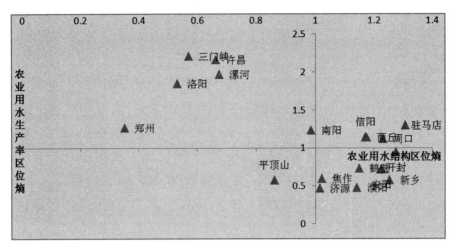

图 7-10　农业用水结构——生产率区位熵二维图

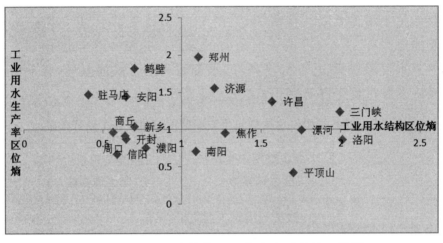

图 7-11　工业用水结构——生产率区位熵二维图

三、基于区位熵的各地区用水结构和生产率的基尼系数分析

（1）各类型用水空间分布的不均衡程度。在用水结构区位熵分析的基础上,我们利用反映各种用水空间分布不均衡程度的洛伦茨曲线和基尼系数进行分析。首先,以各种用水结构区位熵进行排序后的总用水累积百分比为横坐标,以各种用水生产率区位熵进行排序后的各类用水累积百分比为纵坐标绘制各类用水的洛伦茨曲线(2012 年河南省各地区各类型用水空间分布的洛伦茨

曲线如图 7-12 所示);其次,计算对应的基尼系数。结果发现,农业用水在河南省各地区空间分布的不均衡程度趋于增加,其基尼系数从 1999 年的 0.08 增加到 2012 年的 0.16,工业用水和生活用水在河南省各地区空间分布的不均衡程度变幅不大(工业用水空间分布均衡程度的基尼系数值位于 0.26~0.30 之间,生活用水空间分布均衡程度的基尼系数值位于 0.17~0.23 之间)。总体而言,农业用水在河南省各地区空间分布的不均衡程度最小,工业用水在河南省各地区空间分布的不均衡程度最大,但都处于高度平均和相对平均范围内。

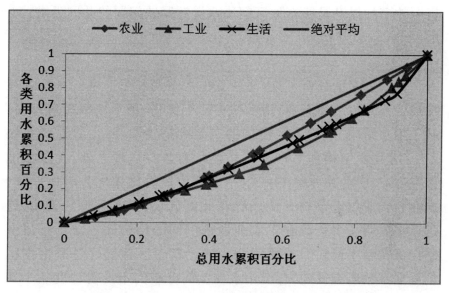

图 7-12　2012 年河南省各类型用水洛伦茨曲线

(2)各类型用水生产率空间分布的不均衡程度。在用水生产率区位熵分析的基础上,按照和上面同样的方法,绘制农业用水、工业用水和总用水生产率的洛伦茨曲线(图略),并计算对应的基尼系数。结果发现,除农业外,工业、总的用水生产率的空间分布均衡程度在不同年份变幅并不大(农业用水生产率空间分布均衡程度的基尼系数值位于 0.22~0.36 之间,工业用水生产率空间分布均衡程度的基尼系数值位于 0.18~0.24 之间,总的用水生产率空间分布均衡程度的基尼系数值位于 0.22~0.27 之间)。

由此可以看出,虽然河南省农业、工业和总用水生产率具有地区差异,但是用水生产率在空间分布的不均衡程度仍处于相对合理的阶段。体现农业用水生产率在空间分布的不均衡程度的基尼系数最高年份为 2013 年,而该年份也是河南省降雨量最为充沛的年份,这说明河南省作为农业大省,其农业用水结构的调整和农业用水效率的演进,受气候影响较大。而工业用水生产率和总用水生产率在空间分布的不均衡程度均处于相对平均的范围,说明河南省各地区经济发展方式具有较大的趋同性。随着工业化、城市化进程的推进,水资源的需求日益扩大,紧缺性日益凸显,水资源效率的提升是所有地区解决水资源紧缺问题的共同诉求。

四、基本结论

由以上实证分析可见,河南省用水结构和生产率的区位熵存在地区差异。总体而言,用水结构趋于优化,用水效率相对较高。基于用水结构、生产率区位熵的二维分析表明,除少数地区在农业、工业用水结构和生产率区位熵均有较好表现之外,大多数地区在农业、工业用水结构和生产率区位熵的比较优势有所差异。农业和工业用水结构区位熵存在此消彼长、相互竞争的关系,这进一步说明了水资源在工农业两部门间的结构性短缺仍是河南省经济转型中面临的主要问题之一。基于区位熵的各类用水结构基尼系数研究发现,各类用水在空间分布的不均衡程度从小到大进行排序依次是农业用水、生活用水、工业用水。各类用水的空间分布不均衡程度均处于相对合理及更为合理的范围内。虽然各类用水结构空间分布的不均衡程度相差较远,但是农业、工业和总的用水生产率在区域间的空间分布不均衡程度却十分接近,这进一步论证了水资源效率的提升是所有地区解决水资源短缺问题的共同诉求。河南省用水结构和用水生产率空间分布总体态势良好,但亟待进一步优化。

本章小结

本章主要对河南省用水结构与效率的演变及空间分布进行分析。

（1）基于 1999—2012 年《河南省水资源公报》及《河南统计年鉴》各种类型用水和经济社会指标数据，对河南省用水结构及效益演变进行了分析。在此基础上，采用信息熵和灰色关联方法对河南省用水结构演变和驱动因子进行分析。结果表明：河南省用水结构信息熵和均衡度皆在波动中趋于上升，说明其用水结构趋于均衡方向发展；用水结构演变驱动因子的灰色关联分析反映了河南省作为农业大省和人口大省，其农业发展方式、农业节水灌溉发展、产业结构调整、城镇化等社会经济发展对用水结构演变影响较大。

（2）基于 1999—2012 年河南省用水指标和经济发展指标的分析可以看出，随着节水技术的进步和经济发展，用水量趋于增长的同时，用水效率也趋于提高，且整体水资源利用效率高于全国平均水平，但各地区之间用水效率增长各有差异。产业结构优化和经济发展水平对用水效率提高影响作用明显，水资源禀赋对用水效率提高影响作用不明显。

（3）由于地区水资源禀赋、气候自然条件、社会经济条件、水资源利用等诸多变量的不同，河南省各地区用水结构与效率具有差异性。在对用水结构、效率演变整体情况分析的基础上，选择河南省的 18 个地级市作为基本区域，选取农业用水、工业用水、生活用水作为用水结构地区差异的分析指标，农业用水生产率、工业用水生产率、总用水生产率作为用水效率地区差异的分析指标，运用区位熵和基尼系数分析方法进行研究。研究发现，除少数地区在农业、工业用水结构和生产率区位熵均有较好表现之外，大多数地区在农业、工业用水结构和生产率区位熵的比较优势有所差异。农业和工业用水结构区位熵存在此消彼长、相互竞争的关系,这进一步说明了水资源在工农业两部门间的结构性短缺仍是河南省经济转型中面临的主要问题之一。河南省用水结构和用水生产率空间分布总体态势良好,但亟待进一步优化。在今后的水资源规划中,应考虑结合各地水资源禀赋情况和经济发展特点,因地制宜,建立适合本地优势的特色产业,从而实现水资源的统一管理与集约利用。

第8章　河南省水资源消耗配置关联度与生态位适宜度评价

8.1　河南省用水结构消耗配置的关联度分析

国务院《关于支持河南省加快建设中原经济区的指导意见》第 26 条特别强调,要加强水资源保障体系建设,而河南省作为我国极度缺水的六大地区之一,水成为制约区域经济、社会和环境可持续发展的瓶颈更是不争的事实,快速发展的经济和不断增加的人口对水资源需求的迅速增加使得水资源供需矛盾不断凸显。河南省作为农业大省,根据历年《河南省水资源公报》可以看出,1999—2012 年间,河南省水资源用水量在波动中呈现上涨趋势,特别是 2000—2001 年、2005—2006 年间增长最快。而水资源在开发利用到一定程度时会出现枯竭,据有关分析,河南省各地区水资源利用率普遍达到中度到高度开发利用的水平,因此,消耗量的增长趋势与水资源总量的减少趋势呈现出矛盾局面。经济的发展需要水资源为其提供生产的保障,水资源的消耗量随着需求量的增加而越来越多,水资源会因过度消耗而成为经济发展的主要障碍,而水资源消耗配置不当易引发各种问题,如上游拦截会破坏自然水循环,城市居民用水增长快会使地下水超采过度,工业废水排放处置不当严重污染农业用水等。在这种背景下,水资源的合理开发利用和水资源消耗配置的优化显得尤其重要。对河南省水资源消耗与各部门消耗配置进行关联性分析,并运用生态位评估模型对水资源消耗和区域水资源的可持续利用进行正确评价,对区域经济社会的可持续发展和生态环境的良性循环及水生态文明建设的实现都具有重要的意义。

8.1.1　水资源配置优化与评价

一、水资源配置优化与综合评价的必要性

水资源消耗与配置是涉及人—生态环境—社会经济这一系统的不同子系统和不同层面的多维协调关系,是一个典型的半结构化、多层次、多目标的群决策问题。[①] 决策和操作上的复杂性使得对水资源合理配置评价成为水资源合理配置的重要组成部分,而决策科学理论发展和各种数学模型又为区域/流域水资源配置方案提供了强有力的基础。

通过对不同水资源配置方案进行对比分析,可以结合本地水资源禀赋特点,对现有水资源配置方案进行调整,构建出能够结合本地水资源特点的一般评价体系,为地区/流域水资源配置理论与实践提供依据。

二、水资源配置优化研究

水资源优化配置理念开始于 20 世纪五六十年代,随着相关研究的进展,水资源优化配置研究的理念逐步趋于统一。[②] 现在一致认为,水资源配置优化指的是利用各种工程措施和非工程措施对一定时空领域内的水资源进行资源整合和技术优化,强调水资源的可持续开发与管理以及经济、社会、资源与环境的协调发展。

水资源配置的优化不仅仅强调一般水资源配置的平衡约束,处理各种用水之间的时空冲突,而且要使水资源配置方案达到最优或较优,因此,水资源配置优化研究以整体水资源系统多目标

---

① 耿雷华,卞锦宇等.水资源合理配置评价指标体系研究[M].北京:中国环境科学出版社,2008:19.

② 李巍,陈俊旭,于磊.中国水资源优化配置研究进展[J].海河水利,2011(1):5—9.

为特征,主要包括以下几个方面。①水资源优化配置建模理论和优化算法研究。数学规划方法、系统科学理论方法在水资源优化配置理论中应用最为广泛。刘昌明、杜伟(1987)用线性规划法研究了农业水资源配置问题;赵建世、王忠静、翁文斌(2002)运用系统科学理论分析了水资源配置模型;Ahmad & Simonovic(2004)运用系统动力学模拟了水资源系统;黄显峰、邵东国、顾文权等(2008)运用多目标混沌优化算法对水资源配置进行了研究;Mahjouri & Ardestani(2010)运用博弈论方法研究了水资源配置。②水资源配置中的不确定性和风险评价研究。由于社会经济条件、工程系统、自然环境条件等限制,水资源系统存在随机性和不确定性,因此,识别不确定性因素和风险可能性并进行评价,有利于科学决策。Merabtene & Kawamura(2002)建立了一个包含实时降雨径流预报模型、水资源需求预测模型和水库调度模型的水资源综合管理决策系统,用于评价水资源系统对干旱的敏感性;Maqsood & Huang & Yeomans(2005)在不确定条件下应用两阶段模糊随机规划方法设计水资源管理系统;顾文权、邵东国、黄显峰等(2008)提出了基于随机模拟技术的水资源优化配置多目标风险评估方法;陈崇德、黄水金(2010)用基于水随机模拟的水资源配置风险方法对漳河水库灌区水资源配置模型效果进行了风险评价。③水资源配置决策评价研究。Yen & Chen(2001)在不同水文条件和地下水约束下,分别测试了用水获利优先权、用水优先权和用水目的优先权三种策略;Liu & Gupta & Springer 等(2008)针对现有科学决策不易被决策者所采纳或不可利用的现状,提出了在流域尺度的水资源管理中应耦合人—水系统、水资源管理者或其他决策者的作用;Castelletti & Pianosi & Soncini—Sessa(2008)将传统的控制技术与个人主观偏好相结合,把多方参与规划过程和多目标决策支持系统应用于实际决策中。④水资源配置效果评价研究。余建星、蒋旭光、练继建(2009)用基于信息熵的层次分析法建立欧式贴近度的模糊优先模型对水资源优化配置方案进行综合评价;Yilmaz & Harmancioglu(2010)用包括 9 个指标在内的水资源配置评价体系评估了土耳其某流域的多种配置策略可能带来的影响。

由以上文献研究可知,现有的水资源配置研究主要集中在水资源配置方法、水资源配置系统的不确定性和风险性、水资源配置的决策及效果评价等方面,研究方法复杂,涉及规模宏大,功能广泛,正向资源复杂系统的方向发展,但计算机软硬件技术的发展为研究奠定了基础。水资源配置作为一种实用性要求较高的工程管理手段,涉及工业、农业、生活、生态环境等多个部门和多种效益,必须根据各部门用水需求及特点制定合适的水资源配置方案。

三、水资源配置的综合评价

国内外文献表明,与水有关的综合评价对象主要集中在水利工程综合评价、灌区改造与扩建工程方案评价、流域或区域水资源可持续利用评价等方面,利用指数法和多指标综合评价法对评价对象进行评价,评价对象决定了评价方法的选择。为避免综合效应判定出现偏差,一般采用综合评价法。

综合评价方法有很多种,如聚类分析、判别分析、模式识别、人工神经网络、主成分分析、因子分析、距离综合评价方法、模糊综合评价方法、灰色关联度评价方法、层次分析法、数据包络分析法等,特点各异,但基本步骤都大致相同,具体可分为以下几个研究步骤:①明确综合评价的目标,收集整理国内外有关流域/区域水资源配置的研究成果、经验及问题,吸收其先进理念和方法。②结合本流域/区域水资源禀赋及社会经济生态环境等方面的属性,建立评价指标体系(指标筛选方法有:频度统计法、理论分析法、专家咨询法、主成分分析法等)。评价指标及标准应按照建立节水防污型社会、提高水资源利用效率、实现水资源可持续利用、促进经济社会可持续发展为核心目标确立。③确立评价指标值和规范化(一般采用标准化处理方法去除量纲)方法。④建立模型进行综合评价。⑤结论与启示。

8.1.2　灰色关联计算

在上述水资源消耗配置评价方法分析基础上,本节借鉴赵奥、武春友(2010)的思路,运用灰色关联分析和生态位适宜度方法,对河南省水资源消耗配置关联度和生态位适宜度进行评价。

根据历年《河南省水资源公报》,利用灰色关联分析法对河南省水资源消耗配置情况进行分析,具体指标值见表 8-1。由表 8-1可以看出,2000—2012 年耗水量占总用水量的比重稳定在57%~60%。按照以上计算步骤,对 2000—2012 年河南省水资源消耗总量以及各部门消耗配置的数据进行计算处理,得出关于水资源消耗配置的广义邓氏灰色关联度、灰色相对关联度、灰色绝对关联度和灰色综合关联度,如表 8-2 所示。由于灰色综合关联度更能全面反映水资源消耗配置的关联度,因此选取灰色综合关联度的度量指标。由表 8-2 可以看出,农业耗水量、工业耗水量、生活及生态环境耗水量与河南省水资源消耗总量的关联度分别为 0.6661、0.6730、0.7601。由此可以得出,生活及生态环境耗水量对河南省水资源消耗总量的影响最大、关系最为密切,其次是工业耗水量,影响最小的是农业耗水量。

表 8-1　河南省 2000—2012 年耗水总量及各部门耗水量

年份	总用水量(亿 m³)	耗水总量(亿 m³)	耗水总量占总用水量比(%)	农业耗水量(亿 m³)	工业耗水量(亿 m³)	生活用水消耗量(亿 m³)
2000	204.865	120.28	58.71	92.0142	7.45736	20.80844
2001	231.29	138.94	60.07	110.1794	7.22488	21.5357
2002	218.81	133.06	60.81	103.2546	7.18524	22.6202
2003	196	111.38	56.83	78.18876	9.69006	23.50118

续表

年份	总用水量（亿 m³）	耗水总量（亿 m³）	耗水总量占总用水量比（%）	农业耗水量（亿 m³）	工业耗水量（亿 m³）	生活用水消耗量（亿 m³）
2004	200.7	119.37	59.48	84.87207	9.78834	24.70959
2005	197.81	117.02	59.16	79.33956	11.23392	26.44652
2006	226.98	136.91	60.32	97.47992	12.18499	27.24509
2007	209.28	122.36	58.47	84.4284	12.8478	25.0838
2008	227.53	132.85	58.39	92.59645	12.7536	27.49995
2009	233.71	136.6	58.45	95.4834	13.3868	27.7298
2010	224.61	128.58	57.25	86.7915	13.62948	28.15902
2011	229.04	130.42	56.94	86.33804	13.43326	30.6487
2012	238.61	134.51	56.4	90.93	13.451	30.129

注:数据来源:河南省水资源公报(2000—2012),河南省水利厅

表 8-2　灰色关联计算结果

部门	邓氏灰色关联度	灰色相对关联度	灰色绝对关联度	灰色综合关联度
农业耗水	0.8259	0.5774	0.7575	0.6675
工业耗水	0.4945	0.7435	0.5978	0.6707
生活及生态环境耗水	0.6796	0.8339	0.6839	0.7589

由表 8-2 可以看出,农业耗水量、工业耗水量、生活及生态环境耗水量与河南省水资源消耗总量的关联度分别为 0.6675、0.6707、0.7589,由此可以得出,生活及生态环境耗水量对河南省

水资源消耗总量的影响最大、关系最为密切,其次是工业耗水量,影响最小的是农业耗水量。

8.1.3　初步分析

河南省是中国人口大省,也是生活耗水大省。随着经济的发展和生活水平的提高,生活用水量持续增长,生活污水排放量不断增加,而河南省尤其是城市生活用水普遍存在着水源单一、现有供水设施老化、生活用水缺乏水价弹性变动机制等问题,致使生活中到处存在着水资源浪费的现象。因此,生活耗水量[①]对河南省水资源消耗总量的影响最大。

近年来由于承接东部地区产业转移,相对于东部地区而言,工业生产设备陈旧、工艺落后,因此工业生产中水的重复率较低,工业污水也没有形成高效的循环再利用,最终造成整个工业部门耗水量呈逐年上涨态势,因此,工业部门的水资源消耗量对河南省水资源消耗量的关联度仅次于生活及生态环境耗水量。

另外,河南省 80% 的人口依附于农业,但农业生产布局缺乏多样性,灌溉方式落后。尽管农业总耗水量近些年出现下降趋势,但趋势并不明显,而且局部年份还有所波动,单位农业生产总值的耗水量下降速度也较慢。农业部门水资源耗水利用率较低。这一点从 2012 年《中国水资源公报》和《河南省水资源公报》也能够看出来,2012 年,中国农田灌溉耗水率为 62%,河南省农田灌溉耗水率为 71.9%。相对于工业和生活及生态环境用水而言,农业生产过程中存在更多水资源污染的隐性问题。如农药超量使用,耕地、森林资源破坏导致的大面积水土流失,农业生产技术和灌溉方式滞后导致每年不必要的水资源浪费程度都很大。

---

① 《河南省水资源公报》中水资源消耗部门配置数据未把生活用水消耗和生态用水消耗分开。但根据社会经济生活用水规律和《中国水资源公报》(历年)及其他地区《水资源公报》,可以确定的是生活用水消耗占据了生活及生态用水消耗总量的绝大部分。

8.2 河南省用水结构消耗配置的生态位研究

8.2.1 生态位适宜度的概念

生态位这一概念最早是由 J. Grinnell(1917)提出的,他把生态位定义为恰好被一个种或亚种所占据的最后单位。Hutchinson(1957)利用数学上的点集理论,把生态位看成是一个生物单位(个体、种群或物种)生存条件的总集合体;王刚等(1984)认为生态位是生物种属性的定量描述。在前述研究基础上,李自珍(1993)提出了一个新的概念:生物种的生态位适宜度。也就是说一个种居住地的现实生境条件与最适生境条件之间的贴近程度,它表征拥有一定资源谱系生物种对其生境条件的适宜性,即生境资源条件对种特定需求的满足程度,现实资源位与其最适资源位之间的贴近程度。生态位适宜度作为发端于生物学的重要理论,现已被延伸广泛应用于人口、农作物和自然资源、城市研究方面。

在借鉴以往研究的基础上,本部分把生态位适宜度评估模型引入到河南省的水资源消耗配置上,依据测算结果分析出水资源消耗配置的现状和存在的问题。

8.2.2 生态位适宜度的评估模型

设有 m 个评估年份,$x_{ij}(i=1,2,\cdots,m;j=1,2,\cdots,n)$ 表示第 I 年生态系统中生态因子的观测数据值,在实际研究中,将数据进行标准化处理后得到生态因子的现实生态位。其中 $x_{\max}$ 表示 x_{ij} 中的最大值。

$$x'_{ij} = x_{ij}/x_{\max} \tag{8-1}$$

无量纲化处理后,又设 $x_{0j}(j=1,2,\cdots,n)$ 表示第 j 个生态因子的最佳生态位,即:

$$x_{0j} = \max(x'_{ij}) \tag{8-2}$$

然后建立的水资源消耗配置的生态位适宜度模型为：

$$Fi = \frac{1}{n} \sum_{j=1}^{n} \frac{\min|x'_{ij} - x_{0j}| + \varepsilon\max|x'_{ij} - x_{0j}|}{|x'_{ij} - x_{0j}| + \varepsilon\max|x'_{ij} - x_{0j}|} \tag{8-3}$$

式中，F_i 表示第 I 年的水资源消耗配置的生态位适宜度；ε 为模型参数（$0 \leqslant \varepsilon \leqslant 1$）。关于参数 ε 的估算，可以假定当 $F_i = 0.5$ 时估算出来。

8.2.3　生态位适宜度测算

经计算可得 $\varepsilon = 0.5127$。依据计算公式（8-1）、（8-2）、（8-3）分别计算出 2000—2012 年水资源消耗配置的适宜度，具体计算结果如表 8-3 所示。

表 8-3　2000—2012 年河南省水资源消耗在各部门配置的适宜度

年份	农业耗水量现实生态位	工业耗水量现实生态位	生活及生态环境耗水量现实生态位	生态位适宜度
2000	0.8351	0.5471	0.6789	0.7658
2001	1.0000	0.5301	0.7027	0.5955
2002	0.9371	0.5272	0.7380	0.6773
2003	0.7096	0.7110	0.7668	0.9141
2004	0.7703	0.7182	0.8062	0.8992
2005	0.7201	0.8242	0.8629	0.8472
2006	0.8847	0.8940	0.8889	0.9723
2007	0.7663	0.9426	0.8184	0.6963
2008	0.8404	0.9357	0.8973	0.7989

续表

年份	农业耗水量现实生态位	工业耗水量现实生态位	生活及生态环境耗水量现实生态位	生态位适宜度
2009	0.8666	0.9822	0.9048	0.6513
2010	0.7877	1.0000	0.9188	0.6372
2011	0.7836	0.9856	1.0000	0.7414
2012	0.8253	0.9869	0.9830	0.7612

按照表 8-3 计算出的各年份适宜度,根据现有研究资料,可以把 2000—2012 年河南省水资源消耗配置的生态位适宜度划分为三个梯度。大于 0.8 的为水资源总量在部门间的消耗配置生态位适宜度相对较高的第一梯度,在 0.7 和 0.8 之间的为水资源总量在部门间的消耗配置生态位适宜度相对居中的第二梯度,低于 0.7 的为水资源总量在部门间的消耗配置生态位适宜度相对较低的第三梯度。

因此可以由表 8-3 看出,2003—2006 年水资源消耗总量在部门间的配置属于生态位适宜度较高的第一梯度,水资源消耗总量在农业、工业、生活及生态环境部门的配置的生态位都较佳,处于较优位置,有利于水资源的可持续利用,其中,2006 年水资源消耗总量在部门间消耗配置生态位适宜度最优,为 0.9723。2000、2008、2011、2012 各年水资源消耗总量在各部门间配置的生态位适宜度处于中等水平的第二梯度,水资源消耗总量在农业、工业、生活及生态环境部门的配置的生态位居中,存在进一步改善的空间。2001、2007、2010 各年水资源消耗总量在各部门配置的生态位适宜度处于较低水平的第三梯度,配置效率较低。由上面可以看出,生态位适宜度中的高低能够反映配置水平和配置效率,体现出水资源消耗总量在各个部门间的配置是否在研究阶段达到最优。

8.2.4　基本结论与启示

经过对比分析,可以很容易得出,优化河南省水资源消耗配置要协调好农业、工业、生活及生态环境部门耗水量之间的分配,特别是工业部门和农业部门的耗水量。

通过本部分研究,我们认为水资源消耗总量在农业、工业、生活及生态环境部门的生态位适宜度中提高和改善,在水资源总量紧缺约束的前提下,关键减少水资源在各部门间的浪费性消耗和提高水资源利用效率,提高水资源集约利用工艺。如在农作物选择上可以选择耗水量少、产量高和经济附加价值高的农作物进行生产推广。在工业上,除了提高节水工业技术,提高废水转化和利用率之外,可考虑在水资源极度紧缺的地区,引入虚拟水的贸易进出口策略,在水之外寻找水资源分配和水资源管理的途径。生活及生态环境部门,一方面要充分利用价格弹性变化的杠杆功能,合理制定水价,提高居民节水意识和实现节水生活方式;另一方面要在生态环境用水中避免无谓的浪费,如景观用水要做好水的循环使用,再生水、雨水都可作为景观用水的水源。因此,在水资源的紧缺环境下,要特别注意统筹考虑生产生活用水和生态用水的关系,不能顾此失彼。

本章小结

针对河南省水资源日益紧缺和水资源消耗量逐步增加、水资源消耗配置不当所引发的各种问题,根据历年《河南省水资源公报》,运用灰色关联分析法和生态位适宜度模型对河南省水资源消耗在各部门间的配置和最佳生态位进行了评价。结果表明河南省水资源总消耗与各部门间耗水量综合关联度依次为生活及生态环境部门、工业部门和农业部门,2006 年河南省水资源消耗在部门间配置达到最优生态位,河南省水资源消耗在部门间配置有待进一步优化。因此,为提高水资源利用效率,优化水资源消耗在部门间的配置,一是要加强产业结构升级和技术升级,提高水资源的利用效率。二是除了完善用水制度和利用价格杠杆外,还须做好水资源信息化建设。

第9章 河南省水污染与社会经济发展交互问题研究

9.1 河南省经济发展与水污染

9.1.1 经济发展与水污染的现状

河南省的经济社会发展自改革开放后取得了不少的进步,全省经济总量在 1991 年达到千亿元,2005、2010、2012 年分别达到 1 万亿元、2 万亿元和 2.98 万亿元,多年稳居全国第五,工业增加值也由 1991 年的 336 亿元增加到 2012 年的 15357 亿元。但是,随着工业化、城镇化的快速发展,各类用水、耗水和废水排放量也在增加。用水量从 2003 年的 188m^3 增加到 239m^3,耗水量从 2003 年的 113m^3 增加到 135m^3,废水排放量从 2003 年的 24 万吨增加到 2012 年的 40 万吨。河南省的水资源紧缺性与水污染程度不容乐观。

一方面,水资源开发的难度越来越大。据《中国水资源公报》和《河南省水资源公报》2003—2012 年的有关数据显示,河南省水资源总量自 2003—2012 年从 697 亿 m^3 降到 266 亿 m^3,地表水资源从 540m^3 降到 173m^3,期间伴有小幅波动。2012 年人均水资源为 283m^3,远远低于中国人均 2186m^3 的标准,同样也低于国际人均 500m^3 的极度缺水标准,属于我国 6 个极度缺水的省(区)之一。

另一方面,水体污染也十分严重。2012 年全省 83 个断面中的 21.7% 为劣 V 类水质,部分湖泊的水体纳污能力超过水环境承载力,地下水也不同程度遭到污染。根据河南省国土资源厅对河南省平原地区地下水质监测情况来看,含水层深 60 米到 100 米的浅水层,大部分水质较差。从分布面积上看,水质良好或比较好的有 2 万多平方公里,占调查总面积的 21%,主要分布在山前平原地带;水质较差和极差的有 8 万多平方公里,占调查总面积的 79%,主要分布在黄淮海平原地区,其中一半面积水质极差,呈点状片状分散在豫东、豫北等地区,尤其是遭到严重污染的河流,受河水入侵影响,其周边的浅水层水质都不好。相对而言,含水层深在 100 米到 500 米的中深层,水质都好于浅水层,从目前情况看,河南省大部分地区在 100 米以下的中深层,水质都是较好或良好。2013 年上半年,中国地质科学院水文环境地质环境研究所发布研究成果称,华北平原浅层地下水综合质量整体较差,且污染较为严重,直接可以引用的地下水仅占 22.2%,未受污染的地下水仅占采样点的 55.87%。深层地下水综合质量略好于浅层地下水,污染较轻。[①] 水体污染和水生态环境恶化已经成为制约河南省经济社会可持续发展的重要因素,对农业、工业生产都存在负面影响。

9.1.2 基于工业废水、工业 COD 排放的环境库兹涅茨曲线

一、环境库兹涅茨曲线

根据相关文献分析,描述环境库兹涅茨曲线的函数模型通常有二次多项式、三次多项式、对数形式等。本部分采用三次多项式进行分析:

$$y_t = b_0 + b_1 x_t + b_2 x_t^2 + b_3 x_t^3 + \varepsilon \qquad (9\text{-}1)$$

其中,y_t、x_t 分别表示河南省第 t 年的污染量和经济发展水平。根

---

① 齐亚琼.河南就水污染防治询问 10 位"一把手"共谋解答[N],河南商报,2013-9-27.

据模型回归结果可以判断如下几种经济发展水平和环境质量可能的曲线关系。

（1）当 $b_1=b_2=b_3=0$ 时，表示经济发展水平与环境质量之间没有关系。

（2）当 $b_1>0$，且 $b_2=b_3=0$，表示经济发展水平与环境污染之间呈单调上升关系，即环境质量随经济发展水平的提高而恶化。

（3）当 $b_1<0$，且 $b_2=b_3=0$，表示经济发展水平与环境污染之间呈单调下降关系，即环境质量随经济发展水平的提高而改善。

（4）当 $b_1>0$，$b_2<0$ 且 $b_3=0$，说明经济发展水平与环境污染之间呈倒 U 型关系，即环境质量恶化在经济发展水平较低时期快于经济发展水平进程；随着经济发展水平进程的加快，环境质量恶化比经济发展水平速度要慢。

（5）当 $b_1<0$，$b_2>0$ 且 $b_3=0$，说明经济发展水平与环境污染呈 U 型关系，表明经济发展水平处于较低阶段时，环境质量随经济发展水平提高而改善；经济发展水平处于较高阶段时，环境质量随经济发展水平的提高而恶化。

（6）当 $b_1>0$，$b_2<0$ 且 $b_3>0$，说明经济发展水平与环境污染呈 N 型，说明经济发展水平不断提高的过程中，环境质量先恶化后改善，后又陷入恶化境地。

（7）当 $b_1<0$，$b_2>0$ 且 $b_3<0$，说明经济发展水平与环境污染的关系与 N 型相反，说明伴随着经济发展水平的提高，环境质量先改善再恶化，后复归改善。

对于多项回归模型，模型检验主要采取方程的显著性检验（F 检验）和回归系数的显著性检验（t 检验）。

二、实证分析

一般情况下，环境污染指标可以采用资源开采量、主要污染物排放量、污染物系数、污染集中度等诸多指标，考虑到数据的可得性和本章内容，本部分选取的污染指标包括工业废水排放量（x_1）和工业 COD（y_1）排放量。经济发展的指标采用国际上通用的人均GDP(y)指标。数据来源于《河南统计年鉴》(1985—2012)和《中国环境统计年鉴》(1999—2012),具体数据见表9-1。

表9-1 河南省1985—2012年经济指标与工业废水、工业COD排放量

年份	GDP（亿）	人均GDP（元）	工业废水排放（万吨）	年份	GDP（亿）	人均GDP（元）	工业废水排放（万吨）	工业COD排放（吨）
1985	451.74	579.7	128056	1999	4517.94	4831.5	94544	504620
1986	502.91	635.3	115952	2000	5052.99	5449.7	109210	443738.9
1987	609.6	755.8	110989	2001	5533.01	5959.1	110152	383936
1988	749.09	909.9	108741	2002	6035.48	6487	114431	374914.4
1989	850.71	1012.3	105733	2003	6867.7	7375.9	114224	341561.3
1990	934.65	1090.6	104934	2004	8553.79	9200.6	117328	333465
1991	1045.73	1201.2	95468	2005	10587.42	11346	123476	342606.3
1992	1279.75	1452.3	94979	2006	12362.79	13172	130158	317937.4
1993	1660.18	1864.6	92518	2007	15012.46	16012	134344	304532.3
1994	2216.83	2466.8	93239	2008	18018.53	19180.89	133144	303024.3
1995	2988.37	3297.1	98364	2009	19480.46	20596.8	140325	297656.9
1996	3634.69	3978.4	91218	2010	23092.36	24446.1	150406	295573.6
1997	4041.09	4388.9	91613	2011	26931.03	28660.71	138654	193602
1998	4308.24	4643	91311	2012	29599.31	31498.68	137356	178987

注:由于工业废水污染物COD排放量在可得数据源中从1999年开始显示,缺失1985—1998年对应数据,不再在对应列中显示。

由表 9-1 可知,河南省作为农业大省,近年来经济持续快速发展。2012 年 GDP 为 29599.31 亿元,比 2011 年增长 10%,是 1985 年的 66 倍,人均 GDP 首次超过 3 万元,达到 31498.68 元。同时根据环境统计,河南省 2012 年全省废水排放量为 403668 万吨,其中工业废水排放量为 137356 万吨,废水排放中 COD 排放量为 1393600 吨,其中工业废水中 COD 排放量为 178987 吨,是 1999 年工业废水中 COD 排放量的 0.35 倍。

(1)基于工业废水排放量的环境库兹涅茨曲线

为达到数据平滑的效果,对经济发展和工业废水排放量分别做对数处理。通过对河南省工业废水排放量与人均 GDP 进行上述三次多项式(9-1)的回归分析后得到相应的回归模型为:

$$y' = 38.4 - 9.35x_1' + 1.06x_1'^2 - 0.04x_1'^3 \qquad (9\text{-}2)$$

在回归方程式(9-2)中,调整过的 $R^2 = 0.91$,通过检验。因此,从河南省工业废水排放量为水环境污染指标的环境库兹涅茨曲线来看,河南省工业废水排放量与经济发展的关系与 N 型相反,说明伴随着经济发展水平的提高,工业废水排放量先减少再增加,后复归减少。废水型工业的发展导致工业废水大量排放,随着经济发展方式的转变和工业结构的调整,工业废水排放量又会呈现下降趋势。

(2)基于工业 COD 排放量的环境库兹涅茨曲线

通过对河南省工业 COD 排放量与人均 GDP 进行上述三次多项式(9-1)的回归分析后得到相应的回归模型为:

$$y' = 570.31 - 178.56x_2' + 19.05x_2'^2 - 0.68x_2'^3 \qquad (9\text{-}3)$$

在回归方程式(9-3)中调整过的 $R^2 = 0.95$,从河南省工业 COD 排放量为水环境污染指标的环境库兹涅茨曲线来看,河南省工业 COD 排放量与经济发展的关系与 N 型相反,说明伴随着经济发展水平的提高,工业 COD 排放量先减少再增加,后复归减少。工业 COD 排放量和工业排放量呈现同步变化,这和工业生产过程是一致的。

9.1.3 水污染与水环境恶化对农业、工业的影响

一、水污染、水环境恶化对农业的影响

总体上说,水污染是由于某些有害的物质(如农药、化肥使用,工业废水、生活废水、医院污水等)进入水体,超过水环境自净能力,引起的水体变化。水污染原因有两种:一是自然污染,因地质的溶解作用,降水对大气的淋洗、对地面的冲刷,挟带各种污染物进入水体而形成;二是人为污染,即工业废水、生活污水、农药化肥等对水体污染。现有的水污染,主要是人为污染超过水环境的自净能力造成的。

农业生产用水基本上直接取自于大江大河,水污染对农业生产的影响,主要反映在用污水灌溉农产品会导致农产品生长滞缓、品质下降、农作物减产,进而影响农产品的价格,甚至使人畜受害、农田盐渍化,土壤团粒结构被破坏,进一步造成耕地面积减少,特别是近年来,人们环保意识不断增加,更加重视绿色食品的消费,水污染对农产品价格影响特别明显。基于典型地区的实地调查结果显示,水污染对农产品品质影响程度大小排序依次是水产品、粮食和蔬菜水果等,在经济发达地区这种产品质量差价更加明显。[①] 河南省作为典型的农业大省,其农业发展在全国经济发展战略中都具有举足轻重的作用,水污染对农业发展造成的潜在负面影响是不言而喻的。

二、水污染和水环境恶化对工业生产造成的影响

水污染和水环境恶化对工业生产造成的负面影响主要体现在:一是由于工业生产用水水质下降,用水处理成本不断增加,水

---

① 李锦秀,廖文根,陈敏建,王浩. 我国水污染经济损失估算[J]. 中国水利,2003(11):63—67.

体污染影响工业生产、增大设备腐蚀、影响产品质量,甚至使生产不能进行下去。二是工业生产污染物排放导致水质污染后,工业用水必须投入更多的处理费用。从《河南统计年鉴》可以看出,河南省工业污染源治理投资从 2003 年的 9.5 亿元增加到 2012 年的 14.8 亿元,从另一个角度反映了工业生产隐性成本的增加,从而造成人力物力财力的浪费。三是一些特殊行业,如食品工业用水要求更为严格,水质不合格,会使生产停顿甚至停产,再如 1994 年和 2004 年的特大污染事故,造成淮河两岸的许多工厂停产,经济损失巨大,影响恶劣。

不仅如此,水污染和水环境的恶化还会导致城乡供水成本增加、提高城市污水处理厂投资和运行费用,还会增加城乡居民罹患恶性、畸形疾病风险。因此,水污染造成的负面影响巨大,针对水污染的现状制定水污染防治办法,实施水污染总量控制,就显得至关重要。

9.2　公平与效率视阈下河南省水污染物总量分配探讨

9.2.1　水污染物总量分配与研究

一、总量控制与总量分配

(1)总量控制

和水污染物总量分配有关的第一个概念是"总量控制"。总量控制是以控制特定时期内某区域内排污单位排放污染物总量为核心的环境管理方法体系,它包含三个方面的内容:一是排放污染物的总量,二是排放污染物总量的地域范围,三是排放污染物的时间跨度。总量控制制度是指国家环境管理机关依据所勘定的区域环境容量,决定区域内的污染物排放总量,根据排放总量削减计划,向区域内的企业分配各自的污染物总量额度方式的一项法律制度。

总量控制通常有三种类型:容量总量控制、目标总量控制和行业总量控制。其中,容量总量控制是环境容量所允许的污染物排放总量控制,其从环境质量要求的环境允许纳污量出发,反推允许排污量,并通过技术经济可行性分析和分配污染负荷的优化,确定出切实可行的总量控制方案。目标总量控制是根据环境目标提出的污染物排放总量和削减量的控制,其针对特定环境的质量目标,从现有的污染水平出发,按照控制—削减—再控制—再削减的程序,确定分阶段的排放总量控制和削减量逐步削减污染物排放总量到预期目标。行业总量控制则从行业最佳生产工艺和实用处理技术出发进行行业污染总量负荷分配。目前我国的总量控制基本上是目标总量控制。

我国是世界上污水排放量最大的国家,也是污水防治速度最快的国家[①]。污染物总量控制作为保护水环境、防治水体污染的一个重要手段,也是当前的研究热点之一。

(2)总量分配

总量控制指标的分配是体现排污总量控制制度量化管理特性,以数学方式建立环境与污染源之间响应关系的关键环节。[②]

从大的方面说,总量分配包括两个方面:一是流域总量分配,首先国家总局在国家总量削减目标下制定流域总量削减目标,然后由国家总局协调各行政区制定省级行政区总量削减目标并完成总量削减工作,最后由省级行政区和地市级行政区共同制定地市级行政区总量削减目标并共同完成总量削减工作。一般来说,现状污染情况越严重,流域应承担的污染物削减比例就越高(不一定是较高的削减量)。区域总量分配从对象上也分为两个层

---

① 程玲玲,夏峰.水污染物总量分配原则及方法研究进展[J].环境科学导刊,2012(1):30-34.

② 李红艺,刘伟京.排污总量控制指标分配方法的探讨[J].中国环境管理,2003(12):122-123.

面,一个是国家间的总量分配,另一个是国家内部区域间的总量分配,由于前者比较复杂,现有区域层面的污染总量分配主要集中在国家内部区域之间。总量分配的对象是工业点源和城镇生活源,一般被分配的水污染物总量应是已确定的、可直接分配的,而且是已将区域面源和湖泊内源排除在外的。

总量分配的关键是如何建立适应现行环境经济体制,设计出具有可操作性、权威性和有效性的排污总量控制指标体系及方法,使其能够真正发挥对企业或个体排污行为的控制和约束作用,目前还没有统一确定的方法,是一个值得研究和探讨的问题。

二、国内外水污染物总量分配发展与现状

(1)国外水污染物总量分配发展与现状

作为水环境保护政策核心的水污染物总量控制制度的实施具有重大的环境和社会效益,是目前国际上许多国家广泛采用的一种环境管理政策,水污染物总量控制具有很强的实用性和科学性,已经在许多国家取得了很大成效。污染物总量控制最先源于美国和日本,发展较为成熟的是美国。我们以美国和日本为例,分析其水污染物总量分配发展与现状。

①美国。"总量控制"这一概念由美国最早提出。1948 年,美国制定了《联邦水污染控制法》(简称为《水污染法》),1969 年颁布国家环境政策法,1970 年成立国家环保局,负责保护水、空气、土地的环境污染工作。美国也是最早关注非点源污染治理的国家。1972 年修订后的《联邦水污染控制法》首次明确提出控制非点源污染,并且同年美国国家环保局建立了全国河流水质监测网,实行流域监测,在全国范围内实行水污染物排放许可证制度,并使水污染物排放许可证制度在方法和技术上得到了不断的改进和发展,尤其是最大日负荷总量(Total Maximum Daily Loads,简称 TMDL,即在满足水质要求的情况下,水体能够承载的污染物的最大日负荷)计划的提出。为了进一步提高水质,美国至今还在

针对 TMDL 进行不断改善,目前,该计划已经成为流域管理中较有效的政策。[①] 对于污染源削减量的确定,主要采用最佳专业判断(BU)方法(收集工业行业可利用的数据和资料,结合高质量技术分析并做出判断,然后制定针对工业行业及其子行业办法排放限值准则(ELGS)的方法)。为进一步做好总量控制工作,美国1983 年正式立法开始实施以水质限值为基点的排放总量控制,并随后提出了季节总量控制方法、变量总量控制以及在污染源之间进行污染负荷兑换制度。这些做法的实施大大减少了污染控制的费用,水环境治理的效果也十分明显。

②日本。1958 年,日本开始实施《水质保护法》《工业污水限制法》等法案,在国家环境管理上经历了以"稀释""架高"等主要措施手段的早期限制时期和以浓度控制为核心的"单打一"治理时期。20 世纪 60 年代末,日本提出了污染物排放总量控制问题,1971 年开始对水质总量控制计划问题进行研究,1973 年制定的《赖户内海环境保护临时措施法》中,首次在废水排放管理中引用了总量控制,以 COD 指标限额颁发许可证,1977 年日本环境厅提出"水质污染总量控制"方法,以水质污染防治法规定的浓度标准继续使用,1978 年日本修改了部分水污染防治法,开始实施 COD 的总量控制工作。1984 年日本将总量控制法正式推广到东京湾和伊始湾两个水域,并严禁无证排放污染物。该方法使日本这两个海湾 80%以上的污染大户受到控制,水环境状况得以改善。

③其他国家。联邦德国和欧共体采用水污染物总量控制管理方法,使得 60%以上排入莱茵河的工业废水和生活污水得到处理,改善了莱茵河水质,而瑞典、前苏联、韩国、罗马尼亚、波兰等国家也都相继实行了以污染物排放总量为核心的水环境管理方法,也取得了较好的效果。

[①] Committee to Revies the New York City Watershed Management Strategy Water Science and Technology Board. Watershed Management for Potable Water Supply[M]. New York:National Acadamey Press,2000.

（2）国内水污染物总量分配发展与现状

我国的水污染物总量控制是在全国第三次环保会上提出的，概念的由来源自日本的"闭合水域总量规划"，水污染总量控制技术方法源自美国的水质规划，参照美国水质规划的标准，我国于20世纪70年代末在松花江引进了 BOD-DO 水质模型和线性规划方法，制定了松花江 BOD 总量控制标准，这一标准的制定成为我国水污染物总量控制的最早探索和实践。

"六五"期间一些国内专家首次完成了溶解氧模型的改进（运用离散规划方法进行总量分配），并制定了沱江水质规划和总量控制方案，进行了污染负荷总量分配、水环境容量的研究和水环境承载力的定量研究。

"七五"和"八五"期间，国内先后有多个水域（淮河淮南段、长江安庆段、松花江佳木斯段、渭河咸阳段、湘江湘潭段等30多处水域）开展了水污染物总量控制工作的研究，同时进行了水环境功能区划和排污许可证的发放。[1] 1988 年 3 月，国家环保局下达了《关于以总量控制为核心的〈水污染排放许可证管理暂行办法〉和开展排放许可证试点工作的通知》，标志着我国开始进入通过总量控制强化水环境管理的新阶段；1991 年国家环保局开始在16 个城市进行了排放污染物总量控制和许可证制度的试点工作，取得了一定的效果。

"九五"期间，特别是国务院 1996 年正式批复《淮河流域水污染防治规划和"九五计划"》[2]，同时为了实现环境目标，国家明文规定了在全国范围内把对环境影响较大的 12 种污染物（包括二氧化硫、烟尘、粉尘、工业固体废物、化学需氧量、石油类、氰化类、砷、汞、铅、镉、六价铬 12 种污染物）实行总量控制，还建立了"三湖三江"为重点的流域总量控制，这些举措都表明我国水质规划

---

①　郝信东.基于信息熵的水污染物总量分配与控制策略研究[D].天津大学,2010:5-6.

②　国家环境保护局,中国环境科学研究院.总量控制技术手册[M].北京:中国环境科学出版社,1990.

和污染物总量控制进入了一个崭新的阶段,使我国水质规划的操作性和排污总量监督管理的有效性方面得到了实质性的成果,同时也对我国的水质规划与总量控制提出了更为艰巨的要求。

"十五"期间我国明确提出了全国主要污染物排放总量削减10%的目标,同时继续实行"三河三湖"水污染防治"十五"计划,首次将污染物总量排放控制指标纳入国民经济和社会发展计划,国务院于 2000 年 3 月颁布了《水污染防治法实施细则》,其中用多项条款对总量控制作了细化和更具操作性的规定,并且在"九五"期间总量控制制度的基础上,把总量控制制度的管理范围缩减为二氧化硫、尘(烟尘和工业粉尘)、化学需氧量、氨氮、工业固体废弃物五种污染物。

"十一五"期间,党中央和国务院提出让江河湖泊休养生息等战略思想和举措,重点流域水污染防治取得了积极进展。在"十五"计划基础上,将总量控制制度的管理范围进一步缩小为二氧化硫、化学需氧量两种污染物。在"十一五"期间化学需氧量和二氧化硫两项主要污染物的基础上,"十二五"期间国家将氨氮和氮氧化物纳入总量控制体系,同时污染源普查口径的农业源也纳入总量控制范围。不仅如此,环境保护部、发展改革委、水利部还于2012 年颁布了《重点流域水污染防治规划(2011—2015)》,对"十二五"期间重点流域水污染防治工作做出总体部署。

在国家陆续出台水污染防治措施的同时,国内各地为贯彻落实党中央、国务院决策部署,落实政府主导、企业主体责任,统一签订了《十二五主要污染物总量减排目标责任书》,并且根据本地区的环境经济状况、区位特点等客观条件的不同,推行了多种污染物总量控制措施和政策,其中有水系总量控制、有特定污染物的总量控制、有行业总量控制、有区域总量控制。这些措施政策,虽然形式和要求有所不同,但是归根结底这些总量控制方法的提出,其根本目的是一致的,同时这些措施政策也为我国开展水污染物总量控制提供了可贵的借鉴作用。

三、水污染物总量分配研究进展

水污染物总量控制对水环境的改进起到了不可忽视的促进作用,如何选择合理的污染物总量分配方法是污染物总量分配的核心问题,国内外研究学者对污染物总量分配方法进行了大量的研究。

(1)国外水污染物总量分配的研究现状

国外学者在进行水污染总量分配技术过程中多是在经济最优化目标下建立最优化数学模型,从最初水环境容量被用于污染控制以来,对它的研究主要侧重于水环境容量改良的测定和对水环境容量使用权(即排污权)分配上。水污染物总量分配方法的研究在美国主要是从排污权交易开始进行的,欧洲一些国家的学者一般是使用系统优化和随机理论相结合的方法,在计算水环境容量的同时进行环境容量的分配。Thomann & Sobel(1964)将污水处理费用,即目标函数线性化后,运用线性规划方法对确定条件下优化模型进行分配计算。Chadderton & Kroop(1985)等分析评价了八种比较流行的污染负荷分配方法。Fujiwara & Gnanendran(1986)等把流量作为已知概率分布的随机变量,用概率约束模型对超标风险下的污染负荷分配进行了研究。Lee & Wen(1996)运用多目标规划的方法,对流域水环境管理进行了研究。Ellis(1987)采用嵌入概率约束条件的方式构建了一个新的随机水质优化模型。Cardwell & Eills(1993)则在假设参数和模型的不确定性基础上对多点源的污染负荷分配进行了研究,开发了随机动态规划费用最小模型。Catherine & Zhao(2000)基于污染物的不同区域特性,对不同分配方式的长期效率进行了分析。

(2)国内水污染总量分配的研究现状

国内水污染总量控制的研究主要是围绕着总量分配原则和方法展开的,其主要是在目标总量控制或水环境容量总量控制基础上,按照公平合理原则或效率原则进行分配。我国学者在研究初期多注重经济优化原则下的水污染负荷分配,其根本目的就是在达到一个或多个环境目标的前提下,实现污染物治理成本的最低化。后期的学者多考虑应兼顾公平和效率,如徐华君、徐百福(1996)评价了同等百分比削减分配方法和最小处理费用法,探讨了兼顾效益与公平的新分配思路;吴亚琼、赵勇、吴相林等(2004)从效率与公平出发,研究了初始排污权分配的一种协商仲裁制,对有关各方面的行为和结果的经济效率和公平性进行了分析。

围绕着水污染总量分配方法,学者建立了很多分配模型,主要包括:线性规划、非线性规划、动态规划、整数规划、离散规划、灰色规划以及模糊规划等方法。如胡炳清(2000)建立了离散规划的环境容量总量分配模型;夏军、张祥伟(1993)等利用河流水质灰色非线性优化理论,描述了河流水质非线性规划模型求解问题,提出了基于拓广了的 Kuhn-Tucker 定理直接解法;方秦华、张珞平、王佩尔(2004)提出了以经济总量为基础按比例分配环境容量的模式;熊德琪、陈守煜、任洁(1994)将模糊集理论与非线性规划优化方法有机地结合起来,首次提出水环境污染系统规划的模糊非线性规划模型,并将它应用于沈阳市南部污水排放系统的最优化处理规划,在满足水质要求的同时,可以显著地降低污水处理的总费用。20 世纪 90 年代后期,我国水污染总量分配方法逐步脱离了运用纯数学和模型的方法。此时针对水污染物总量分配中的经济、效率、公平等原则的研究出现,这类研究采取了一种或几种原则组合的指标分配方法,同时设立多种约束条件,建立以经济、效率优化为主要约束条件的总量分配模型[①]。如农家、王金坑、陈克亮等(2009)针对等比例分配方法、费用最小分配方法、按贡献率削减排放量分配方法以及数学规划分配方法进行了初步探讨,并研究了总量分配技术中的公平性问题;王有乐(2002)运用多目标规划方法,将治理投资、运行费用、收益和污染

---

① 郭希利,李文岐.总量控制方法类型及分配原则[J].中国环境管理,1997(5):47—48.

削减目标作为规划求解目标,对多种方案进行优化选择,建立了
实现多目标的数学模型;王洁方(2014)则针对中国排污权交易市
场不完善的现状提出了总量控制下流域初始污染权的竞争性混
合方式:即一部分排污权按照现状排污比例进行分配,一部分排
污权实行竞争性分配。

因此,从以上文献研究来看,国外水污染物总量分配主要侧
重于流域和地区层面,且主要集中在流域层面的污染物总量管
理,总量分配方法主要是基于规划和最小费用优化的方法,这与
许多国家实施综合的流域管理政策紧密相关。我国实施的水污染
物总量管理具有层级特点,因此,国内文献在研究内容上较宽泛,但
主要还是关注于流域层面到地区分配以及区域内的总量分配。

9.2.2　水污染物总量分配原则与方法

一、水污染物总量分配的原则

根据现有研究可知,总量分配方法很多,根据立足点和侧重
点不同,可分为两个方面。

(1)基本原则

基本原则包括"三公"(公开、公平和公正)原则、环境有效性
原则、经济最优原则、可行性原则和行业结构调整原则。①"三公
原则"。在《大气污染防治法》和《水污染防治法实施细则》中,均
规定排污总量指标分配应当遵循公开、公平和公正的原则。技术
上实施公开并不难,难的是如何做到公平和公正。在污染负荷领
域,不仅要考虑到各排污单位的公平,也要考虑到对区域做出经
济贡献的经济上公平,还应考虑区域间、行业间或国家间公平、公
正分配的问题。②环境有效性原则。环境有效性原则包括环境
容量充分利用和环境容量适当盈余两个方面,以便于充分发挥环
境容量的自净能力和经济发展的平衡能力。③经济最优原则,即
帕累托最优原则。帕累托最优概念由意大利经济学家帕累托提

出,即一种最优配置状态,在此状态下任意改变都不可能使至少一方的状况变好而又不使任何一方的状况变坏,具体到容量分配的过程,经济最优可分为区域经济效益最大化原则和治理费用最小化原则两个方面。④可行性原则。可行性原则包括经济可行性、技术可行性和管理可行性三方面。即主要考虑容量分配方式是否在"经济—费用"上可行,是否是现有污染治理技术所支持的,是否有利于环境管理主管部门应用、实施与监管等。⑤行业结构调整原则。总体而言,对污染物总量控制目标进行初次分配时,应把是否有利于行业结构调整考虑进去。

(2)具体实施原则

在具体实施的过程中,应遵循的原则包括:①清洁生产原则。即按照行业先进的生产标准设计排污指标,促进企业采用清洁生产技术。②先易后难原则。即首先对浓度和行业总量未达标的企业进行总量削减分配,然后在浓度达标排放的前提下,再对总量负荷的削减量进行分配。③重点控制原则。帕累托定律认为一个关键的小的诱因、投入和努力,通常可以得到大的结果、产出或酬劳,遵循帕累托定律,应当首先对重点排污单位进行总量控制。④集中控制原则。对于位置临近、污染源种类相同的污染源,首先要考虑实行集中控制,然后再将排污量余量分配给其他污染源。⑤按污染物毒性大小承担责任分担率的原则。即对毒性大、危害严重的危险污染物应提高污染单位的治污责任,加强其污染责任分配比例。⑥按贡献率削减排放量的分配原则。即按各个污染源对总量控制内水质影响程度大小、污染物贡献率的大小来削减污染负荷。⑦非经济要素标准原则。即将人口、土地面积等非经济要素作为排污权免费分配的依据。

总之,总量分配方法很多,所涉及的原则取决于立足点和侧重点的差异。而实现公平与效益的统一,是水环境管理和总量控制追求的最终目标。

二、水污染物总量分配的方法

由上述文献分析和分配原则可知,公平与效益统一是污染物总量控制和分配追求的最终目标。在这种背景下,具体方法包括等比例分配、费用最小分配、按贡献系数分配三种基本方法以及在此三种基本方法基础上的改进和变化。

(1)等比例分配法。即在区域范围内,按照允许排放量在各污染单位之间等比例分配削减责任,对应的削减比例可以是负荷去除、浓度控制、排放总量、单位产值排放量等。

(2)费用最小分配法。即把治理费用最小化为目标函数,按照总污染治理投资费用总和最小的原则,确定各污染源的允许排放量。

(3)按贡献率削减排放量分配法。主要是按污染物贡献率大小来削减污染负荷,污染物对水质影响程度、污水处理厂规模、各污染源距污水处理厂的近远等与污染物削减量成正比。

等比例分配方法表面公平而且符合环境容量有效性,但没有考虑各个排污单位在污染贡献率、行业属性、经济技术可行性等方面的约束条件。费用最小分配法体现了资源利用效率,追求各个污染单元边际治理费用不同情况下整体效益最大化,但是忽视了各排污者之间的公平性,因此,现实中实际运用的水污染总量分配方法,多是在这三种基本方法上的改进方法。

由于国家到各省市区的污染物总量分配是无偿分配,而且事关各地发展享受水平,因此国家到各省市区或各省市区到各地市区的污染物总量分配方案的设计应以公平性为前提,能够体现地区间差异,兼具效率性。这要求总量分配指标及方法要能体现出区域差异性特征,而且还要具有全面性、典型性、代表性和可操作性。在各省市及地市签署《主要污染物总量减排目标责任书》的背景下,污染总量分配指标和方法应与各省市、地市的减排目标直接相关,且和国家污染总量管理目标及区域或区域所在流域水系的水环境安全维护目标一致。

9.2.3 公平与效率视阈下河南省水污染排放总量分配方法探讨

在水环境污染成为制约经济可持续发展的背景下,排污权交易是重要的市场化解决途径,而排污权交易的环节中,排污总量控制和排污权初始分配直接关系到排污权交易的质量,如何评价和制定科学的总量分配方案,各个排污单位或污染源之间如何科学、合理地分配允许排放污染量,是实施水污染物总量控制的技术关键。本部分以河南省 18 个地区作为评价对象,选取化学需氧量和氨氮作为水污染物代表,从水污染物基尼系数、绿色贡献系数、水环境容量负荷系数等多个维度考察河南省水污染物总量区域分配公平性问题。

一、评价因子的选取

河南省地处亚热带向暖温带和山区向平原两个过渡地带,受特殊地理位置和气候条件的影响,降水时空和水资源分布并不均匀。依据河南省水资源的地域空间分布特征,在研究河南省水资源污染物分配时,以河南省的水资源行政分区为基本单元,选取水资源主要污染物化学需氧量(COD)和氨氮排放量作为基本匹配对象;由于水环境容量、人口密度、水资源量、水质现状、土地面积、经济总量及社会因素等对水污染物总量分配因素的影响,出于简化分析和数据可得性考虑,选取 GDP、水环境容量作为匹配对象,所需数据均来源于《河南省统计年鉴》(2013)和《河南省水资源公报》(2012)。

二、基尼系数的应用

由于国家到各省市区的污染物总量分配是无偿分配,而且事关各地发展权享受水平,因此国家到省市区的污染物总量分配方案的设计,应以公平性为前提,体现地区间差异。基尼系数作为评价收入公平性的指标,已被广泛应用于地区污染物总量分配、资源消耗公平性评价,对衡量经济的可持续发展提供了参考。基尼系数有多种求解方法,和前面一样,本部分采用的是梯形面积法,其公式如下:

$$\text{Gini 系数} = 1 - \sum_{n=0}^{i}(X_i - X_{i-1})(Y_i + Y_{i-1}) \qquad (9\text{-}4)$$

式中,X_i 为水资源等指标的累计百分比;Y_i 为污染物等指标的累计百分比;当 $i=1$ 时,$(X_{i-1}、Y_{i-1})$ 视为 $(0,0)$。

基尼系数在 0~1 取值,0~0.2 之间表示高度平均;0.2~0.3 之间表示相对平均;0.3~0.4 之间表示较为合理;0.4~0.5 之间表示差距偏大;0.5 以上表示差距悬殊。本部分以此标准判断河南省各地区水污染总量分配的公平性,选取 GDP 和水环境容量作为两个基本的参照基准,计算河南省各地区 COD 排放、氨氮排放的基尼系数,并做出河南省各地区 COD 排放、氨氮排放的洛伦茨曲线。

(1)以 GDP 为参照基准的水污染物基尼系数和洛伦茨曲线

以 GDP 为参照基准,做河南省各地区 COD 排放、氨氮排放的洛伦茨曲线(图 9-1)。根据图 9-1 和公式(9-4)计算得到 GDP—COD 的基尼系数评价指标为 0.273,GDP—氨氮排放量的基尼系数评价指标为 0.245,两类水污染物的基尼系数评价指标均处于相对平均的水平。由于河南省地区经济发展趋同化的原因,以 GDP 为基准的各地区水污染物的总量分配处于相对公平的阶段。

(2)以水环境容量为参照基准的水污染物基尼系数和洛伦茨曲线

在各地区水污染物总量分配的环境公平性问题中,水资源作为公共资源,每个地区都享有均等的使用权,但由于地区水资源禀赋差异,水环境对水污染物的容纳能力具有极大的差异。本部分把各地区水体在保证环境功能的前提下能消化的最大污染物负荷量作为水环境容量。为了地区空间分异的宏观对比研究需要,本部分的水环境容量界定为地区污染物扩散空间,环境功能区也对应进行了简化,假设不同区域均达到地表水环境功能区Ⅴ类标准(主要适用于农业用水区及一般景观要求),并以稀释容量(即环境容量主体)代替水环境容量。借鉴张昌顺、谢高地等(2009)的方法,水环境容量的计算公式为:

$$W_i = \frac{Q_{ij}(C_i - C_{i0})}{100} \qquad (9\text{-}5)$$

式中,W_i 表示单位面积污染物 i 的环境容量(t/a);Q_{ij} 为 i 地区行政区域单位面积多年平均地表水资源量($10^4 \text{m}^3/\text{a}$)(本部分采用 2003—2012 年 10 年平均值);C_i 为污染物 i 的环境标准值(mg/L);C_{i0} 为污染物 i 的环境本底值,忽略本底值的影响进行简化,假设 $C_{i0}=0$。

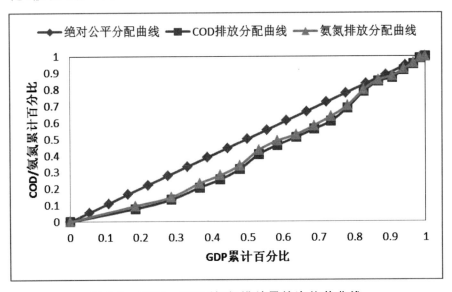

图 9-1　GDP—COD/氨氮排放量的洛伦茨曲线

由历年《河南水资源公报》(2003—2012)和《河南省统计年鉴》(2003—2012)、《中国城市统计年鉴》(2003—2012)有关数据汇总,绘制各地区单位面积多年平均地表水资源和两类污染物的水环境容量(图9-2),并以各地区COD、氨氮两类污染物的水环境容量为参照基准绘制两类污染物的洛伦茨曲线(图9-3)。由图9-3可知,两类污染物的水环境容量基尼系数值分别为 0.524 和 0.508,极不平均,各地区水污染物排放和水环境容量匹配性较差。综合各地 COD/氨氮排放量和水环境容量数据还可以看出，河南省大部分地区水环境已无容量，局部区域严重超载。

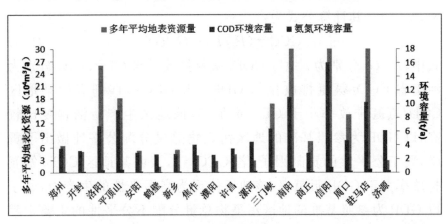

图 9-2　各地区多年平均地表水资源量和污染物 COD、氨氮的环境容量

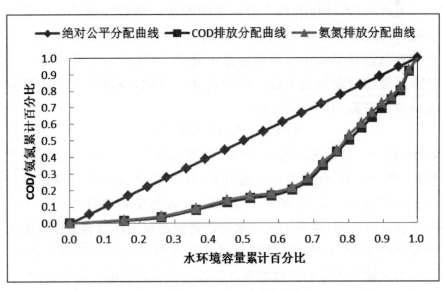

图 9-3　水环境容量－COD/氨氮排放量的洛伦茨曲线

三、绿色贡献系数和水环境容量负荷系数的计算

社会经济生产活动中排放的水污染物是造成水环境污染的主要来源。假设排放一定比例的水污染物需要贡献相同比例的 GDP，如果某个区域 GDP 贡献率低于其污染物排放量占全部总

量的比例,则属于相对低水平的社会经济效益,降低了地区的平均水平。其经济贡献率的大小及比例被称为绿色贡献系数(王金南,2006)。其计算公式为:

$$GCC = (P_i/P)/(G_i/G) \qquad (9\text{-}6)$$

式中,P_i、G_i 分别为 i 地区 COD/氨氮排放量与 GDP;P、G 分别为河南省 COD/氨氮排放量与 GDP。若 GCC<1,则表明某地区 COD/氨氮排放率小于 GDP 贡献率,该地区生产清洁程度比较高,以 GDP 为参照基准的地区污染物总量分配公平性做出了贡献,属于公平性的贡献因子;若 GCC>1,表明某地区 COD/氨氮排放率大于 GDP 贡献率,该地区体现为高污染性的生产力,属于以 GDP 为参照基准的地区污染物总量分配不公平性的主要贡献因子,且对不公平性贡献能力与偏离程度大小成正比。

另外,以水环境容量为参照基准的基尼系数反映了水污染物排放和环境容量在区域内部分配的公平性。如果某地区水污染物排放量占有率大于水环境容量占有率,该地区就消耗了整个区域水污染物分配的公平性。我们以此为基础,构建基于水环境容量的负荷系数,其表示公式为:

$$WBC = (P_i/P)/(W_i/W) \qquad (9\text{-}7)$$

式中,P_i、W_i 分表示 i 地区 COD/氨氮排放量与对应污染物的水环境容量,P、W 分别表示河南省 COD/氨氮排放量与对应污染物的水环境容量。若 WBC<1,表明 i 地区污染物排放占比小于水环境容量占有率,体现为区域水污染物排放和水环境容量相对协调的发展模式,若 WBC>1,则 i 地区水环境容纳污染物的负荷较大,体现为区域水污染物排放和水环境容量不可持续的发展模式。

9.2.4 各地区水污染物分配公平与效率的实证分析

一、各地区水污染物绿色贡献系数和水环境容量负荷系数计算结果

综合公式(9-6)—(9-7),河南省各地区水污染物的绿色贡献

系数和水环境容量负荷系数如表 9-2 所示。

表 9-2　河南省各地区 COD 和氨氮排放的绿色贡献系数和水环境容量负荷系数

地区	绿色贡献系数		平均绿色贡献系数	水环境容量负荷系数		平均水环境容量负荷系数
	COD	氨氮		COD	氨氮	
郑州	0.38	0.46	0.42	3.33	4.11	3.72
开封	1.35	1.31	1.33	3.35	3.25	3.30
洛阳	0.49	0.49	0.49	0.59	0.57	0.58
平顶山	0.88	0.96	0.92	0.76	0.84	0.80
安阳	0.94	0.98	0.96	2.89	2.97	2.93
鹤壁	1.82	1.54	1.68	7.20	6.14	6.67
新乡	1.00	1.00	1.00	3.07	3.05	3.06
焦作	0.82	0.66	0.74	3.21	2.57	2.89
濮阳	1.29	1.17	1.23	4.89	4.43	4.66
许昌	0.76	0.76	0.76	3.09	3.09	3.09
漯河	1.15	1.21	1.18	3.29	3.43	3.36
三门峡	0.52	0.56	0.54	0.36	0.40	0.38
南阳	0.82	0.96	0.89	0.27	0.33	0.30
商丘	1.54	1.24	1.39	2.95	2.39	2.67
信阳	0.88	1.06	0.97	0.17	0.21	0.19
周口	1.52	1.58	1.55	1.77	1.85	1.81
驻马店	1.91	1.91	1.91	0.71	0.71	0.71
济源	0.61	0.59	0.60	0.93	0.90	0.92

由表 9-2 可以看出,相对于各地区水环境容量负荷系数而言,各地区绿色贡献系数相差不是太大。进一步统计后发现,各地区绿色贡献系数的平均标准差为 0.42,水环境容量负荷系数的平均

标准差为1.76,这进一步印证了本节第2部分分析中以GDP为参照基准的水污染物排放分布相对平均,而以水环境容量为参照基准的水污染物排放分布相对不平均。

二、各地区绿色贡献系数和水环境容量负荷系数结果分析

结合表9-2,对各地区进行进一步的分析如下。

(1)各地区绿色贡献系数不一反映了区域经济水污染物清洁生产能力的差异

从各地区绿色贡献系数来看,COD排放和氨氮排放的GDP贡献系数平均值分别为1.04和1.02,处于略大于1的水平,表明各地区间单位GDP所排放的COD和氨氮能力差异较小。各地区COD排放和氨氮排放的平均GDP贡献系数具体可分为三类。其中,开封市、鹤壁市、濮阳市、漯河市、商丘市、周口市、驻马店市属于第一类,各项指标均在1以上,驻马店市为最高,达到1.91,这类地区的污染物排放率大于其GDP贡献率,体现较为落后的高水污染生产能力,这类地区与水污染物有关的清洁生产能力较差,也是地区间经济和水污染物效益不平衡的主要因子。平顶山市、安阳市、新乡市、南阳市、信阳市属于第二类,各项指标值在0.89~1之间,这类地区污染物排放率和GDP贡献率较为接近,水污染物清洁生产能力处于中等。郑州市、洛阳市、焦作市、许昌市、三门峡市、济源市属于第三类,各项指标值在0.4~0.8之间,这类地区平均绿色贡献系数均小于1,表明污染物排放比率小于GDP占有比率,单位GDP所产生的水污染物相对其他地区较低,是水污染物先进清洁生产力的代表。

(2)各地区水环境容量负荷系数差异较大反映了各地区水环境压力分布的高度不平均

从各类水环境容量负荷系数来看,各地区水环境容量负荷系数差异较大,可分为三类。郑州市、开封市、鹤壁市、新乡市、濮阳市、许昌市、漯河市属于第一类,两类污染物水环境容量负荷系数都在3以上,水环境容纳水污染物的空间濒临极限,甚至已无容

量,水环境压力比较大。安阳市、焦作市、商丘市、周口市属于第二类,平均水环境负荷系数都在 1~3 之间,环境压力小于第一类地区,但是水环境容量压力还是不容小觑。洛阳市、平顶山市、三门峡市、南阳市、信阳市、驻马店市、济源市属于第三类,两类污染物指标的水环境容量负荷系数均小于 1,这类地区的水污染物排放小于水环境容量占有率,水生态环境压力相对于河南省其他两类地区而言较小,是公平性重要贡献因子。

三、综合分析与讨论

(1)综合分析

综合以上分析可以看出,以 GDP 为参照基准的 COD、氨氮排放量基尼系数整体处于相对合理的阶段,对应的绿色贡献系数不公平因子主要集中在开封市、鹤壁市、濮阳市、漯河市、商丘市、周口市和驻马店市,这些地区亟须转变"高水污染、低效益产出"发展模式,提高水资源使用效率和水污染物的清洁生产能力。以水环境容量的 COD、氨氮排放量基尼系数处于高度不均等的阶段。对应的水环境容量负荷系数不公平因子主要集中在郑州市、开封市、安阳市、鹤壁市、新乡市、焦作市、濮阳市、许昌市、漯河市、商丘市、周口市,这类地区水环境容量几近超载或超载严重。产业结构偏重、产业布局不平衡是造成环境容量超载、局部区域超载严重的主要原因。另外值得注意的是,无论是以 GDP 为参照基准的绿色贡献系数还是以水环境容量为参照基准的负荷系数,各地区对应系数的大小,都取决于参照对象——河南省整体经济发展和水环境容量的平均水平,其单个地区的绿色贡献系数小于 1 或水环境容量负荷系数小于 1,无法改变河南省水资源利用效率较低和水资源紧张、水环境容量超载较为严重的现状。

为进一步以水环境容量为参照基准的平均水环境容量负荷系数为横坐标,以 GDP 为参照基准的平均绿色贡献系数为纵坐标,以各自系数为 1 的直线将横纵坐标分成四个象限,把河南省的 18 个地区分为四类(表 9-3 和图 9-4)。

表 9-3　以平均绿色贡献系数和平均水环境容量负荷系数划分象限

	平均水环境容量 负荷系数＜1	平均水环境容量 负荷系数＞1
平均绿色贡献系数＞1	（Ⅱ）经济效益和水资源利用效率较低，水环境容量负担消化的污染物量相对较小，亟须提高生产力	（Ⅰ）经济效益相对较低，水环境容量负担消化的污染物量大，经济不可持续。
平均绿色贡献系数＜1	（Ⅲ）经济效益相对较高，水环境容量负担消化的污染物量相对较小，经济发展相对协调	（Ⅳ）经济效益相对较高，而水环境容量负担消化的污染物量大，水环境压力较大

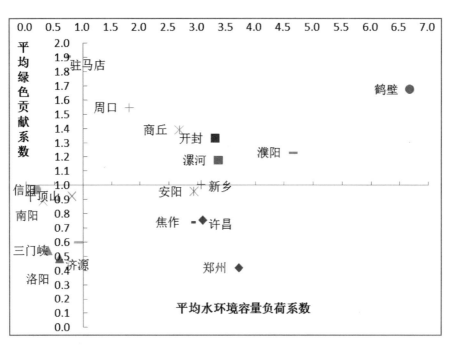

图 9-4　河南省各地区分类情况

由表 9-3 和图 9-4 可知,绝大部分地区都集中在第Ⅰ、Ⅲ、Ⅳ象限。其中,开封市、鹤壁市、新乡市、濮阳市、漯河市、商丘市、周口市这7个地区集中在第Ⅰ象限,这些地区不仅水环境容量压力较大或超载严重,水资源使用的经济效益也低,是地区经济效益和水环境压力主要的不公平因子,无论是从经济上还是水环境上都是不可持续的发展状态;驻马店市属于第Ⅱ象限,该地区虽然经济发展较为落后,两类水污染物排放都比较多,但由于水资源禀赋相对丰富,水环境容量压力相对较小,因此,驻马店市应在保持水环境容量基础上,引进低水污染技术,提高水资源利用率,提高水污染物清洁生产能力,促进经济发展方式转变;洛阳市、平顶山市、三门峡市、南阳市、信阳市、济源市属于第Ⅲ象限,这类地区在经济效益相对较高的基础上,水环境容量负担也较小,相对其他地区而言,经济发展和水环境压力较为协调。郑州市、安阳市、焦作市、许昌市属于第Ⅳ象限,这类地区在河南省内部水资源利用效率和经济效益都相对较高,但由于水资源禀赋紧缺,产业布局或产业结构偏重的原因,水污染物总量较大,水环境容量超载严重,水环境压力较大。

（2）讨论

为综合考虑各地区在河南省极度缺水背景下水污染物总量分配的公平性和效率性,以全国整体经济发展水平和水环境容量平均负荷作为参照标准,用同样的方法分析河南省的水污染物绿色贡献系数和水环境容量负荷系数,结果发现河南省在全国31个地区中位于第Ⅰ象限,即经济效益相对较低而水环境容量负担消化的污染物量大,这从另外一个角度表明了河南省各地区水污染物总量控制问题亟待解决。经过本部分分析可以发现,从经济效益和环境容量两个角度考察会得出不一样的结论,将任何一个方面单独割裂开来进行分析都是片面的,只有经济发展和水环境质量并重,才能实现"效率与公平"兼得。具体在政策实践中,在判断水污染物区域分配公平性问题及部署水污染物总量分配和目标责任书时,必须结合经济发展贡献、水资源、水环境容量等特征综合考虑和部署,从资源消耗、产业结构和布局调整、水环境工程治理等多方面多角度协同推进污染减排工作。

9.3 河南省水污染防治体制创新措施

水污染是影响河南省经济社会可持续发展和损害群众健康的突出环境问题。[①] 我国从 20 世纪 90 年代中期开始大规模治理淮河污染,21 世纪以来,随着全社会环保意识的增强和河南省经济的快速发展,环境保护力度加大,环保投入不断增加,水污染防治工作不断向前推进。

9.3.1 建立健全目标责任制完善考核问责机制

目标责任制通过工作目标设计,将组织的整体目标逐级分解,转换为单位目标最终落实到个人的目标中。我国于 20 世纪 80 年代,将目标责任制引入我国政府的管理中,直到今日一直是我国政府管理绩效评估的重要手段。建立健全目标责任制完善考核问责机制已成为河南省水污染防治工作的首要和常态化工作。

2005 年 9 月 22 日,河南省人民政府办公厅发布了《关于转发各省辖市人民政府环境保护目标责任书执行情况考核暂行办法的通知》[豫政办(2005)79 号],参照国家环保局组织制定《淮河流域水污染防治工作目标责任书(2005—2010 年)执行情况评估办法(试行)》和《淮河流域城市水环境状况公告办法(试行)》,要求各省辖市的环境质量目标完成情况要根据环境监测部门的监测结果进行评估和考核,对于发生重大环境污染事故的地方,要追究直接责任者和负有领导责任者的责任。2009 年 11 月 27 日,河南省第十一届人民代表大会常务委员会第十二次会议通过的《河

---

① 河南省人民政府.《河南省人民政府关于实施河南省流域水污染防治规划(2011—2015)的通知》.

南省水污染防治条例》特别规定,县级以上人民政府应对本行政区域的水环境质量负责,应将水环境保护工作纳入国民经济和社会发展规划,制定水环境保护目标和年度实施计划,上级人民政府将水环境保护责任目标完成情况作为对下级人民政府及其负责人考核评价的重要内容。2012 年 10 月 11 日,河南省人民政府发布《关于实施河南省流域水污染防治规划(2011—2015 年)的通知》(豫政[2012]88 号),在该《通知》中明确指出,省政府每年要对各省辖市、省直管试点县(市)的任务落实情况进行考核,省环保厅会同有关部门具体组织实施,考核结果作为干部主管部门综合考核评价省辖市、省直管试点县(市)政府相关领导干部和企业负责人的重要依据。

9.3.2　排污权有偿使用促进体制创新

排污权交易通过建立合法的污染物排放权即排污权(这种权利通常以排污许可证的形式表现),并允许这种权利像商品那样被买入和卖出,以此来进行污染物的排放控制。排污权交易制度早在 20 世纪 70 年代由美国经济学家戴尔斯提出,因其能反映环境资源市场供求和稀缺性,首先被美国国家环保局(EPA)用于大气污染源及河流污染源管理,而后德国、澳大利亚、英国等国家相继进行了排污权交易政策的实践。

从 2009 年起,河南省分别在洛阳、焦作、三门峡和平顶山四市开展了排污权交易试点。洛阳畔山水泥有限公司购买了 1432.25 万元生活污水的排污权,是我省第一次排污权交易。2012 年 10 月,河南省正式被财政部、环保部和国家发改委纳入排污权交易试点省。为尽快在河南省开展排污权有偿使用和交易工作,2012 年 12 月,河南省环保厅成立了河南省排污权有偿使用和交易试点工作办公室,加快推进排污技术和交易规范研究,2013 年底,开始研究制定《河南省主要污染物排放权有偿使用和交易管理暂行办法》,积极筹备排污权有偿使用和交易在全省范围内的实施。2014 年 10 月 1 日,河南省政府开始正式实施《河南省主要污染物排污权有偿使用和交易管理暂行办法》[豫政(2014)62 号](下称办法)。

新施行的《办法》规定,总装机容量 30 千瓦及以上的火力发电和热电联产排污单位,其排污权有偿使用费向省环境保护部门缴纳。新建、改建、扩建项目、在建项目,按照建设项目环境影响评价分级管理办法的有关规定,排污权建设费分别缴纳至不同的部门。排污单位取得的排污权有效期从购买之日起计算,最长为 5 年,以后每 5 年结合国民经济和社会发展五年规划重新进行一次排污权核准确认。排污权交易通过排污权交易平台实施,对应的排污权有偿使用费实行收支两条线管理。

可以预见的是,排污权有偿使用和交易制度在河南省全面实施后,将有利于探索建立环境成本合理负担机制和污染减排激励约束机制,有利于调动排污单位减排积极性,提高环境资源配置效率,促进产业结构调整和经济转型,进一步推进河南省生态文明建设。

9.3.3　多措施并举防治水污染

除上述措施之外,针对水污染的预防和治理,河南省还采取了很多措施。主要体现在以下几个方面。

(1)加强立法建设,通过法令,条例确保水污染得到预防与防治。《河南省水污染防治条例》已经于 2009 年 11 月 27 日由河南省第十一届人民代表大会常务委员会第十二次会议通过,并于 2010 年 3 月 1 日起开始施行。

(2)多渠道强化资金投入,积极争取国家投入,鼓励社会资本参与,促进市政排污设施工程建设。国家"十二五"规划中,列入河南省项目 480 个,项目总投资 248.1 亿元,到 2012 年底,河南省已投入运营城镇污水处理厂 191 座,日处理规模 727.69 万吨。

(3)强化水源保护,加大防治力度,严厉打击违法排污行为,尤其是加强水质检测能力和应急能力建设,确保饮用水安全。近年以来河南省定期检查、巡查和重点检查、辅查相结合,明察暗访,广泛开展专项检查,已查处专项违法行为 4000 多起。

(4)全面推行地表水水环境生态补偿制度。从 2010 年开始,河南省在长江、淮河、黄河和海河四大流域 18 个省辖市全面推行地表水环境生态补偿机制。

总之,河南省针对水污染预防和治理做了很多工作,有些已经初见成效。如执行地表水水环境生态补偿制度后,随着控制和处罚力度加大,企业扣缴金额逐月减少,意味着水环境质量在不断改善。但是,还存在很多问题,如河南省现有污水处理设施和能力不能完全满足需求、局部水质不稳定、水环境质量整体还不容乐观、治污投入的长效机制不够健全、资源型产业比重仍然较大等,这些问题的解决及综合整治措施留待下一章探讨。

本章小结

河南省工业化、城镇化的快速发展,使得各类用水、耗水和废水排放量也在增加,因此,河南省的水资源紧缺性与水污染程度不容乐观。基于河南省工业废水、工业 COD 排放量的环境库兹涅茨曲线表明,伴随着经济发展水平的提高,工业废水、工业 COD 排放量先减少后增加,后复归减少。现有水污染和水环境恶化已经成为制约河南省经济社会可持续发展的重要因素,对农业、工业生产都存在负面影响。在这种背景下,排污权交易是重要的市场化解决途径,而排污权交易环节中,排污总量控制和排污权初始分配直接关系到排污交易的质量。本章以河南省 18 个地区作为评价对象,选取化学需氧量和氨氮作为水污染物代表,从水污染物基尼系数、绿色贡献系数、水环境容量负荷系数等多个维度考察河南省水污染物总量区域分配公平性问题。结果表明,各地区水污染物绿色贡献系数和水环境容量负荷系数差异甚大,从而提出政府在部署污染物减排目标责任书时应综合考虑水污染物区域分配的效率性和公平性。河南省在水污染控制方面也采取了多种措施,包括建立健全目标责任制完善考核问责机制、排污权有偿使用等,对河南省的水污染防治做了有益的探索,有些已经初见成效。

第 10 章　河南省水资源与社会经济发展交互问题下对策探讨

　　水资源是社会经济发展的重要战略性资源,社会经济发展由过去的粗放型经营向集约型经营方式转变,社会用水面临着严重的短缺,而不是取之不竭、耗之不尽。由过去主要靠增量解决资源短缺向更加重视节约和替代转变,提高利用效率是最根本的途径。水资源的开发与利用和社会经济密切相关,因此,提高水资源利用效率,也必须联系水资源市场、水资源监管和社会经济发展,协同推进。

10.1　充分发挥水资源市场作用

10.1.1　完善水资源市场机制

　　水市场实际上就是水权市场。十八届三中全会要求在自然资源配置利用领域"形成归属清晰、权责明确、监管有效的自然资源资产产权制度",在水资源领域"推行水权交易制度"。根据产权经济学理论,产权明晰是市场可预测性、稳定性和可靠性的前提,建立产权制度可以有效降低运行成本,实现资源的优化配置。在不完全竞争的市场中,产权得到确认,也是可以通过费用最低的制度安排实现资源的优化配置。河南省水资源涉及流域比较分散,而且区域间的分配不平衡,产权的界定成为优化水资源配置的关键环节。

　　我国《水法》明确规定:"水资源属于国家所有,即全民所有。

农业集体经济组织所有的水塘、水库中的水都属于集体所有。"法律规定看似明确,但由于国家、集体所有权代理人的缺位,事实上水资源的产权并不明确。因此,我国国情决定了我国水市场并不是完全意义上的市场,而是一个"准市场"①。借鉴国内外水资源管理的成功经验,以水资源产权制度改革作为水资源管理的出发点,大胆探索符合河南省水资源实际的水权管理制度框架。

一、完善可交易水权制度

水资源特性复杂,取水权具有先后不同的等级,一般可采用三种方法来确定这种等级:①根据授权的时间、地点或用水的类型(如灌溉用水、生活用水等),给每种水权规定一个优先等级,当水短缺时,按照优先顺序供水,只有上一个优先等级水权的全部用水量得到满足后,才供给下一个优先级水权的用水。②根据短缺程度按比例减少所有用水权的用水量。③综合前两种方法,根据用水的优先顺序确定水权的优先级,对于优先级高的水权,如生活用水的水权,减少的比例小,优先级低的水权,如工业用水,减少的比例大。地表水和地下水权要同时建立,如果只针对其中一类建立水权,如地表水,则会影响另一类水的过度开发。创建了水权之后,还要登记水权并保证水权的实施,这需要制定法律以及政府管制措施保证水权的实施。由于水权主要是指水的取

---

① 李四林(2012)认为原因在于:一是水资源交易受时空条件的限制,较高的沉淀成本使得供水单位不能自由进入和退出市场;二是多种用水功能中只有发挥经济效益的部分才能进入水市场;三是水资源的政治商品属性决定了水价不可能完全由市场决定;四是水资源开发利用和社会经济发展密切关联,不同地区、不同用户之间的差别很大,难于进行公平竞争。水商品的非自由流动性、公共产品特性和政治商品属性及水生产的非充分竞争特性,决定了水市场只能在供水、水电、灌溉等这些具有私人物品特性的有限领域发挥作用。另外,水资源还有独特的地域特征,以流域或水文地质单元构成一个统一体,每个流域的水资源是一个完整的水系。由于各种类型的水不断运动、相互转化以及地区之间的差异使得水资源很难进行公平交易,水市场不能形成一个完全的市场。

水权,取水权的期限长短对用水投资商的积极性和使用方式会有较大影响,因此租赁期限也是要考虑的因素之一。[①] 建立并完善水资源市场,培育水权转让市场,应避免水资源产权的交叉和重叠,规范水资源市场的交易行为,消除水资源管理的混乱局面,避免管理盲区;水资源市场的建立,还要根据河南省的流域特点,克服流域管理的条块分割、城乡分割和部门分割,探索水权流域管理体制改革,使流域管理与区域实际相结合,统筹兼顾各方利益,实行流域的社会化高效管理。

二、合理分配初始水权

水权包括资源产权、工程水权(包括水利工程或水资源开发利用的投资经营权)及环境水权(国家为维护生态环境平衡、保护水体水质而征收污染费或废水处理费的权利)。水权的初始分配就是按照一定原则分配水资源的取水权。按照科斯定理,只要交易成本为零,法定产权的初始分配从效率角度来看是无关紧要的,但水权的初始分配是个公平问题。水利部 2008 年公布的《水量分配暂行办法》规定,水量分配应当遵循公平和公正的原则,妥善处理上下游、左右岸的用水关系,协调地表水和地下水、河道内与河道外用水,统筹安排生活、生产和生态环境用水,建立科学论证、民主协商和行政决策相结合的分配机制。水权配额的确定主要结合两项指标进行考量,一是对当前各地用水是否合理进行评估,二是根据当地经济社会发展指标进行用水量的预测。因此,水权的初始分配应按照公平与效率兼顾,公平优先的原则,优先考虑基本生活用水和生态用水,然后再对多样化用水进行水权初始分配。河南省作为农业大省,粮食生产具有重要的战略性位置,因此,应在保障农业生产基本用水之后再考虑工业用水的水权分配,同时在农业用水、工业用水内部也可以启用水权分配制

---

① 李四林.水资源危机——政府治理模式研究[M].北京:中国地质大学出版社,2012:221—222.

度;还要充分考虑水质保护的重要性,为重点地区留下交易盈利空间,避免水资源投入与收益的"不对等"赤字出现;申请水权的地区和用户必须能够证明所申请的水权是合理节约使用的。除此之外,确权登记中,要尊重现状与现有用水习惯,由于不同地区发展程度各异,需水发生时段不同,人口增长和异地迁移会产生新的对水资源的基本需求,因此,水权分配时,必须留有余量,为未来发展提供水资源空间。

三、搭建水权交易平台

作为全国首批水权交易试点省份,目前河南省正在探索省级水权交易平台,并逐步开展水资源使用确权登记和水权交易,为全国推进水权制度建设提供经验示范。2015 年初,河南省正式批复新密市使用南水北调中线工程水量指标申请。通过水权交易,新密市每年将获得 2200 万立方米南水北调中长期水量指标,缓解水资源紧张(新密人均水资源量仅为 $180m^3$,是全国人均水平的 1/12 左右)局面。此次水权交易借由南水北调中线干渠,根据协商交易,调配郑州市用水指标,解决新密城区和周边新型农村社区居民生活用水问题。这为河南水权交易平台的搭建提供了良好的开端。

水权交易平台的搭建可以借鉴省外其他地区经验,如 2014 新疆首个水权交易中心在玛纳斯县建成。水利部门鼓励农民将节约的水量通过水权交易大厅和水银行(水库)调蓄,以农业基准水价 5 倍的价格进行转让,再由塔西河工业供水工程输送给园区企业。还有浙江东阳—义务水权交易案例、甘肃张掖市水权交易等案例都为河南省水权交易平台搭建给予了较好的借鉴。可以充分利用现代电子和信息技术,建立统一登记和公开透明的水权登记机制和平台(包括水权电子登记政务平台),从而保证交易能够顺利实施。另外,要想保证水权交易平台下水权交易能够顺利开展,政府必须制定能够促进和保障充分、公平自由竞争的市场交易规则,内容涉及水权交易的交易机制、交易结果认定和权益保障等。而这既是法治经济的要求,也是政府进行监管,确保水权制度成功运作的最关键路径。

10.1.2　充分发挥价格的市场调节作用

在水资源市场配置措施中,水价是提高用水效率最有效的措施,即使在不完善的市场条件下,水价仍然是配置水资源的最重要手段。《水利产业政策》中有具体的关于供水水价的规定,即新建水利工程供水价格,要按照满足运行成本和费用、缴纳税金、归还贷款和获得合理利润的原则制定;原有水利工程的供水价格,要根据国家的水价政策和成本补偿、合理收益的原则,区别不同用途,调整到位,以后再根据供水成本变化进行适时调整,对超定额用水的,要加价收费。在自来水使用上,要充分发挥"阶梯水价"在水资源配置、水需求调节等方面的作用,增强企业和居民的节水意识,避免水资源的浪费。

很长时间内我国水价普遍偏低,既没有反映水资源供水成本,也没有反映水资源的机会成本,既不利于社会资本投资水利,也不利于节约用水。最近几年,全国各地都在讨论水价和不断提高水价,有的地方甚至超出承受能力。浙江舟山,淡水贵如油,1995 年的干旱使当地池塘干涸、河水断流、水库几乎无水可供,只好从长江口装运淡水,每立方米成本 16 元,居民生活用水一度上涨到每立方米 10 元,并且实行定量供水,给人们生活造成了极大的影响。

在社会主义市场经济规律指导下,水价不应单纯地理解为建设工程和维修工程需要的收费,而是水资源配置的手段,也是加强水资源统一管理和宏观调控的措施。完整的水价应由三个部分组成:资源水价、工程水价和环境水价,其中,资源水价是水价组成中最重要、最活跃的部分。目前,我国实行的水资源费、工程水价、污水处理费三个部分,基本体现了全成本水价,但是水资源费征收标准偏低、工程水价低于供水成本、污水处理收费不到位等都不利于水资源合理配置,因此,应进一步深化水价改革,促进节约用水,保护和优化配置水资源。而且水价制定和水资源费的收取办法各地并不统一,随意性较强,没有形成规范、有效的水价机制,没有充分发挥市场配置资源的作用,应建立科学合理的水价管理体系,通过价格这一杠杆对水资源进行市场调节,实现水资源使用者节约用水、避免水资源的浪费的目的。

一、注重公平原则,不同用户区别定价

福利经济学注重公平与效率兼顾,因此,水价制定也应考虑各类用户的承受能力,使其既能体现国家产业经济政策,又能体现不同行业、不同地区城乡之间的差别。

(1)居民生活用水。根据亚太经济和社会委员会建议,居民用水的水费占家庭收入的百分比最大不应超过3%,照此计算,假设一个三口之家城市居民月用水量为10m³左右,月收入为1500元,则水价最大不应超过4.5元/m³。河南省水资源总体比较紧张,且区域之间分布并不平衡,水价的制定要综合考虑水资源的分布现状和承载能力,以及市场的接受程度。建立合理水价机制,使用经济手段节水、降耗。国家发改委、住房和城乡建设部于2014年初宣布在2015年底前,设市城市原则上要全面推行阶梯水价制度。指导意见明确规定各地要按照不少于三级设置阶梯水量,第一级水量原则上按覆盖80%居民家庭用户的月均用水量确定;第一、二、三级阶梯水价按不低于1∶1.5∶3的比例安排,缺水地区应进一步加大价差。河南省阶梯水价在2002年开始试点并逐步推行,目前已全部实行阶梯水价,但是阶梯水价实际推行效果如何并未进行科学论证。

(2)农业用水。河南省的农业用水占到60%以上,是用水大户,农业水价确定十分重要。但农业发展的弱质性、农产品低价等特征导致了农户对水价成本缺乏应有的承受能力。但严格农业用水总量控制和定额管理才能提高用水效率。因此,通过水权配额交易制度,实行配额转让是提高农业用水效益的有效途径之一。而且也要完善农业水价形成机制,在保证农民基本用水需求的同时,建立多用水多花钱,少用水少花钱,不用水得补贴的机制,对经济作物和粮食作物实行水价调节,适当提高农业用水价格,建立农业用水精准补贴制度和节水激励机制,实现水价虽提高但负担不增加、用水总量减少但用水效益增加。

(3)工业用水。从工业生产内部来说,节水治污需要大量的资金投入;从工业生产外部来看,应合理并且规范水的定价和收费。对于工业用水,可以考虑通过环境排污费、提高水价或者节水技术投资税收减免等方式促进工业用水效率的提高和防治水污染。

二、建立不同用水主体的利益补偿机制

建立水资源的利益补偿机制,充分发挥价格市场调节作用的保障机制。通过水资源利益补偿机制,使得水资源富裕者和缺乏者可以更合理地配置水资源,促使水资源在两者之间高效率运转,对于用水节余者,可构造一种弹性调节制度激励其采取节水措施,在提高水资源利用效率上投资,也使水资源缺乏者通过支付适当代价来购买满足其需要的水资源。利益补偿的实现可以通过多种途径进行,包括财政转移支付、水市场收入和国家对水利设施的投资和补贴。同时,供水作为一项公益事业,水价提高不能超过居民的经济承受能力,影响居民生活部分还要实行补贴,这主要是对居民生活用水而言,补贴直接随工资走,或者由民政部门发放,当然只有较高水价对于低收入家庭的冲击危及基本生存需求时,才有实施补贴的必要。水资源补偿机制也包括建立河南省水资源保护与恢复生态系统的经济补偿机制,促进生态系统的保护,维护经济欠发达地区的利益。

三、充分发挥用水协会和水价听证会制度的作用

在水价制定和调整过程中,要充分发挥用水协会和水价听证会的作用。了解各类用水主体真实需求,倡导成立用水户自我管

理协调,维护各流域和地区所有用户的正当权益。

10.2 执行最严格的水资源管理制度安排

10.2.1 协调好水资源流域与区域管理

河南省内有海河、淮河、黄河、长江四大流域,涉及 18 个地市及部分省管县,加强水资源流域与区域管理是实现河南省水资源优化配置的重要举措,要认识到水资源流域与管理的重要性和必要性,建立完善河南省水资源流域与区域管理体制。流域不仅涉及地市,还涉及与省外其他地区。从中央层面讲,加强流域的统一管理十分必要,但也应注意引导和发挥地方的积极性,流域管理机构应按照有关法律和规章加强对流域内事务的管理,特别是加强对流域水资源的初始分配以及流域内各涉水主体的协调沟通。在省级行政区各个地方政府对自己享有的取水权有充分的处置权,同时应积极参与流域管理。省内外流域管理机构重在搞好规划、协调、检查、监督方面的工作,区域管理重在对取水权的细化管理上,因而在管理方式上比较灵活。同时,应认真分析区域内发生的水事件,确定其影响范围,流域机构与区域机构要相互配合,共同承担涉水事务。

首先,实行河南省流域和区域用水总量控制。加快制定水资源流域管理相关法律、法规,使河南省水资源流域管理走上法制轨道,实施河南省四大流域和区域取用水总量控制,明确制定水量分配方案,依据流域分布进行区域产业布局,根据流域水资源条件布局相关产业结构,促进产业结构优化升级。其次,要彻底打破条块分割、部门分割的传统管理方式,建立起流域和区域统一管理、集中管理的体制。针对水资源流域管理中存在的有法不依、执法不严的状况,加快建立执法监督体系和机制的建设,树立流域管理的长期性和权威性,切实强化执法意识。

10.2.2　完善水资源监督管理体制

水资源管理是对水资源量、质、温、能的全要素管理,其管理是全方位的,也是全过程的,包括水资源治理、开发、利用、配置、节约和保护以及水资源供给、使用和排放,水资源管理的核心是对全社会水资源开发利用行为的监督管理。国务院前副总理回良玉在 2009 年初全国水利工作会上提出要从我国基本国情出发,实行最严格的水资源管理制度。随后水利部陈雷部长在全国水资源工作会议上对落实最严格的水资源管理制度作了总体部署,即到 2020 年,初步形成与全面建设小康社会相适应的现代化水资源管理体系。2013 年 1 月 2 日,国务院办公厅公开印发《实行最严格水资源管理制度考核办法》(国办发[2013]2 号),自发布之日起实行。具体到河南省,水资源管理基础设施薄弱,监控手段缺乏,远不能满足水资源管理工作的需要,必须建立水资源监督考核制度,健全水资源监控体系,加强水资源管理信息系统建设,借鉴国外经验,统一水资源管理体制。

一、完善水资源监督考核制度

《实行最严格的水资源管理制度考核办法》(国办发[2013]2 号)规定,各省、自治区、直辖市人民政府是实行最严格水资源管理制度的责任主体,政府主要负责人对本行政区域水资源管理和保护工作负总责。考核内容为最严格水资源管理目标完成、制度建成和措施落实情况。其中,河南省 2015 年、2020 年、2030 年用水总量控制的目标分别是 260 亿 m^3、282.15 亿 m^3、302.78 亿 m^3;2015 年万元工业增加值用水量要比 2010 年下降 35%、农田灌溉水有效利用系数为 0.6,重要江河湖泊水功能区水质达标率控制目标 2015 年、2020 年、2030 年分别为 56%、75%、95%。因此,如何落实并完善水资源监督考核制度将成为水资源管理工作中的新常态。对于河南省而言,需完善河南省水资源监督考核制度,加强组织领导,实施最严格水资源监督管理。河南省人民政府办公厅颁布了《河南省实行最严格水资源管理制度考核办法》[豫政办(2013)104号],规定了河南省各个地级市用水总量控制目标、重要河流湖泊水功能区达标控制目标和用水效率控制目标,特别提出,各流域和各省市的负责人对本流域、行政区域水资源管理和保护工作负总责,定期报告,以进一步提升河南省水资源监督管理水平。

二、健全水资源监控体系,加强水资源管理信息系统建设

首先是健全水资源监控体系。坚持源头控制,严格排污审批,联合执法,探索水资源监督管理和保护执法检查的新模式,坚持水量、水质共同监管的思路,充分发挥流域管理和区域管理相结合的优势,提高河南省水量、水质监督检查的效果。

其次是加快水资源管理信息系统建设,强化水资源监督考核。水资源管理信息化建设是切实提高水资源能力和管理水平,实现水资源管理向精细化管理、动态化管理、定量化管理和科学化管理转变,也是落实最严格水资源管理制度的重要支撑。河南省应加快实施水资源实时监测系统的建设,实现各地市水资源信息的互联互通与共享,严格取水许可审批和各项制度的落实,部署水资源业务管理和用水远程管理网络,逐步加大物联网在水资源信息管理中的应用,实现水资源监督管理的数字化,结合水资源信息化进展,全面提高河南省水资源监管水平。

三、借鉴国外经验,统一水资源管理体制

借鉴国外经验,统一水资源管理体制,确保水资源优化配置,可从以下几个方面入手。

首先是多龙管水、分工明确。美国水资源的管理分别由农业部的自然资源保护局、国家地理调查局的水资源处、国家环境保护署和陆军工程兵团,依据联邦政府授权的职能分别管理。农业部自然资源保护局负责农业上的水资源开发、利用和环保责任,

在各州设立 52 个工作机构负责此项工作。国家地理调查局水资源处负责收集、监测、分析、提供全国所需水文资料，并在几大河流域设立办事处，有近 5000 名工作人员为政府、企业、居民提供详尽准确的水文资料，并为水利工程建设、水体开发利用提出政策性的建议。国家环保署根据环保需要，制定相应的规定和要求，调控和约束水资源的开发、利用，防止水资源污染。陆军工程兵团主要负责由政府投资兴建的大型水利工程的规划设计与施工。在联邦政府的统一领导下，各部门职责明确，既分工又协作，既相互配合又相互制约，形成"多龙管水，配合默契"的管理体制。①

荷兰的水资源管理是由水务局负责。水务局负责对荷兰境内的水量与水质进行双重管理，从根本上避免了"龙头不治水"的弊端。其具体内容包括：各水域管辖内的灌溉、引流、排水、水净化，以及运河与河流等的管理。水务局、民众与业主"关心—出资—表态"三位一体的参与方式形成了水务局的工作模式基础。

其次是鼓励社会参与，监督水资源分配。在智利和墨西哥，强大的用水者协会在水资源分配中发挥了重要的作用，用水者协会将水权分配给个人或社区群体，增强了这些群体对水资源的控制。智利用水者协会拥有和管理水利设施，监督水资源的分配，依据相关规定批准水权的转让，提供协商的场所并解决水事冲突。在墨西哥，将灌区的管理权责转给新组建的用水者协会是建立水权的基础。根据墨西哥法律，水权可以赋予个人或组织，但倾向于赋予组织，然后由组织再将水权赋予内部成员。

因此，水资源管理是跨学科、跨行业、跨部门的综合性的群众性工作，在宏观上必须实行统一管理，必须在强化政府行为基础上搞好组织协调，水行政主管部门要当好政府的参谋，搞好技术服务，加强部门合作，动员社会组织共同治理水问题。微观上各

---

① 李周，包晓斌.资源库兹涅茨曲线的探索：以水资源为例[R].中国农村发展研究报告：6.

个部门要切实落实到位,把自己负责的工作做好,配合政府的水资源管理,同时,鼓励社会参与,加强行业监管,共同做好水资源分配。

10.3　提高用水效率

"三条红线"分别控制的是水资源开发利用的取水、用水和排水等环节。其中,用水环节作为中间过程,用水效率提高和用水结构优化是非常重要的一个环节。要把加快制定区域、行业和用水产品效率指标体系制定和加强用水定额和计划用水管理作为一个非常重要的任务来做,在这个环节中,用水效率控制目标的实现与否直接关系到用水总量控制目标的实现,并且与废污水排放量、水功能区水质达标情况有很大的相关性。同时,用水效率控制是与具体用水行为关系最紧密、效果最直接的管理手段,需要加强水资源管理领域关键技术的研究,促进效率控制红线和节水型社会的全面建设。

以往水资源规划人员习惯于用计划经济模式下制定的工业万元产值取水量和传统的农业灌溉定额来评估"缺水量"和"缺水率",而没有认真研究国内外大幅度提高用水效率的实践经验。在计划经济体制下,政府及其水行政部门的决策人员往往侧重供水管理,即设法增加投入、扩大供水设施,而较少把精力用于需水管理,即促进社会对水的高效利用,降低消耗行为的管理,运用经济杠杆调节供需,按水市场配置资源。根据国外先进国家的经验,提高用水效率的基本措施是经济、技术、法规政策和公众参与。目前在水资源市场配置方面已尝试水权交易、水价调节等方式,"硬件"和"软件"双管齐下,有效地引导了用水效率的提高。在技术方面,应进一步努力提高水利产业中的科技含量,引用新技术、新设备、新工艺,提高用水效率。

10.3.1 通过节水技术提高农业用水效率

在《水利部关于加快推进水生态文明建设工作的意见(水资源[2013]1 号)》中特别提出,要建设节水型社会,把节约用水贯穿于经济社会发展和群众生产生活全过程,进一步优化用水结构,切实转变用水方式。

在农业用水上,充分利用当地水资源,包括地表水、地下水、土壤水和劣质水资源化,在此基础上饮水、调水,大中型灌区改造应以骨干防渗、井渠结合,渠系配套和平整土地为积水灌溉的基础,利用灌溉技术改进提高农业用水效率。另外,节水灌溉工程应和农艺节水技术相配套。推广管道输水、渠道防渗、喷灌和微灌等高效节水灌溉技术,控制化肥、农药等实用强度,提高农业用水效率。水资源极度紧缺地区要尽量选用节水高产型(节水、抗逆、高产、高水分利用率)品种,深耕蓄水增加土壤蓄水能力和作物吸水抗旱能力,覆盖技术对土壤进行增湿保湿,提高水分利用率。通过增施有机肥提高水分生产率,利用作物节水高产的化学调控技术(如利用保水剂或 FA 旱地龙拌种包衣),增强农作物根系活力和吸水能力。

节水农业的发展和效益的提高最终依靠科学技术进步来实现,它代表了节水农业方向,也是 21 世纪中国农业跨入世界前列的重要支撑力之一。具体节水农业技术包括分子生物学技术、信息技术、精准农业技术、化学节水技术、灌溉新技术以及低水耗高产农业的综合技术等。以化学节水中黄腐酸(FA)为例,它是一种思想的抗旱剂,它以黄腐酸为主要原料,并配以植物所需的 30 多种元素生产出的旱地龙,已经在全国推广 1000 多万亩,使用此产品可使作物增产 10%~15%,节水 20%~30%,投入产出比为

1∶15,经济作物则达 1∶20 以上。[①]

10.3.2 通过工业结构调整和清洁生产提高工业用水效率

一、调整工业结构

根据蒋桂芹、于福亮、赵勇(2012)研究,安徽省统计年鉴所涉及的 36 个行业中,用水效率从低到高的前 10 名依次排序为电力、热力的生产和供应业、化学纤维制造业、黑色金属矿采选业、造纸及纸制品业、化学原料及制品制造业、非金属矿采选业、医药制造业、黑色金属冶炼及压延加工业、非金属矿物制品业、非金属矿物制品业和食品制造业,特别是电力、热力的生产和供应业,用全省 72%的工业用水量,创造了不到 8%的增加值。由于省情发展相似,河南省电力、热力的生产和供应业也是工业用水大户,2012 年规模以上企业已占到全部规模以上工业企业取水总量的 54%,但创造的工业增加值却只占全部规模以上工业增加值 4.3%。因此,为提高工业整体用水效率,一方面要促使工业结构向用水效率较高行业偏移,另一方面,要提高现有用水效率较低行业的用水效率,促使其在工业结构中的位置向用水效率较高行业偏移,降低工业结构偏水度和粗放度,改善工业结构和用水结构的协调度。严格控制水资源短缺和生态脆弱地区高用水、高污染行业发展规模,加快企业节水改造,重点抓好高用水行业节水减排技改以及重复用水工程建设,提高工业用水的循环利用率,加强用水大户节水减排监管,有效降低全省万元 GDP 取水量。

二、推行清洁生产

末端治理指导思想下的"三废"达标排放,基本上只有投入,

---

① 郎小云,王迎新,刘爱霞,陈爱华.浅谈提高农业用水效率[J].地下水,2011(7):71—72.

没有产出。污染反弹难以避免,而以源头削减和全过程控制为主要特征的清洁生产,则实现了节能、降耗、减污"三赢",是工业污染治理和提高能源使用效率的有效途径。企业通过产品结构调整、生产工艺改革和技术改造等手段,淘汰物耗高、用水量大、排污量大、技术落后的工艺技术,提倡绿色产品、绿色工艺、提高水的重复利用率,减少用水量和废水排放量,将污染消灭在生产工艺过程中。清洁生产在减污方面的作用是十分显著的。如啤酒行业通过清洁生产可使废水量削减 34.3%,COD 产生量削减 32.6%;酒精行业废水产生量削减 69.6%,COD 产生量削减 41.6%。在大力推行清洁生产的同时,对污染严重的造纸、酿酒、皮革行业,凡生产规模、生产工艺不符合行业政策的,应坚决予以关停,以促进经济增长方式的转变。

另外,还要加大城市生活节水工作力度,加大对老旧管网的改造力度,努力降低公共供水管网漏损率,逐步淘汰不符合节水标准的用水设备和产品,大力推广生活节水器具。建立用水单位重点监控名录,强化用水监控管理。

10.3.3　充分发挥用水协会自治作用

提高用水效率,除了提高节水技术和推行清洁生产外,还可以充分发挥用水协会的自治作用,吸引社会力量参与。如 2007年河南省就成立了节约用水协会,会员来自全省节水及水资源管理部门、相关科研单位、用水单位等,以期促进节水和水资源管理技术的研究和调动社会各界参与节水型社会建设的积极性。

现实中农业用水协会自治作用发挥的比较好的是灌区农业用水协会。灌区农民用水协会作为有效的民间管理组织,其是在政策规定范围内,政府积极引导、组织农民群众资源投资投劳进行水利建设和工程管护而成立的一种组织。农民是农业用水效率提高的主体,其行为和素质在某种程度上决定了用水效率。节水工程"三分靠建设,七分靠管理",通过建立灌区用水协会等农民直接参与管理决策的民主管理机制是提高农业用水效率不可缺少的重要因素之一。我国现多个地区都有相应的灌区用水协会,2015 年 2 月 4 日,由农业部、发改委、财政部、水利部等多部委组成的全国农村合作社发展部际联席会议,在全国范围内评选出了 254 个"全国农民用水示范合作组织",江西省新干县窑里、田南 2 个中型水库灌区用水协会榜上有名。窑里水库灌区用水协会、田南水库灌区用水协会先后成立于 2005、2006 年,参与农户0.67 万户,管理灌区面积 3.85 万亩。近十年来,协会通过实行民主管理、阳光运作,管护成效明显,得到灌区群众的普遍好评和上级肯定。窑里水库灌区用水协会还于 2013 年获得"全省优秀农民用水合作组织"荣誉。通过灌区用水协会的自治管理,农村水利工程实现了"有人用、有人管、有人护、有钱养",有效解决了农村水利工程管护主体缺位问题,走出了一条"自我服务、自我管理、自我维护、自我发展"的农村水利建设管理成功之路,也为河南省下一步积极发展农业用水协会自治作用提供了经验和示范。

10.3.4　深入宣传提高节水意识和资源意识

首先,各级政府要采取多种形式,广泛、深入、持久地开展《水法》《水权法》《流域管理法》等有关法律法规的宣传,形成"依法治水、依法用水"的良好风气。

其次,引领良好舆论导向和水素养教育认知活动,唤起全社会、全民族的节水意识,提高公民的水素养,普及水科学、水文化,具备基本的水知识,形成人人有责、自觉维护、珍惜、合理利用水资源的良好社会风气和态度,从而使保护生态环境成为每个公民自觉的行动。

最后,提升政府与公民的水资源意识,形成"资源导向"的政府管理和公民生活。

本章小结

本章主要针对河南省水资源与社会经济发展交互问题下的水资源管理政策出发,从充分发挥水资源市场作用、执行严格的水资源管理制度安排、提高用水效率三个方面展开,主要结论如下:①充分发挥水资源市场作用。完善可交易水权制度,合理分配初始水权,搭建水权交易平台,完善水资源市场机制。在水价制定中要注重公平原则,不同用户区别定价。建立不同用水主体的利益补偿机制,采用弹性调节制度激励用水节余者。在水价制定和调整过程中,要充分发挥用水协会和水价听证会的作用。②执行严格的水资源管理制度安排。实行河南省流域和区域用水总量控制,建立流域和区域水资源统一管理、集中管理体制,协调好水资源流域与区域管理,完善水资源监督考核制度,健全水资源监控体系,加强水资源管理信息系统建设,借鉴国外经验,从统一水资源管理体制入手,执行最严格的水资源管理制度安排。③提高用水效率。通过节水技术提高农业用水效率,通过工业结构调整和推行清洁生产提高工业用水效率,充分发挥各类用水协会的自治作用,深入宣传提高节水意识和资源意识。

第 11 章　基本结论与研究展望

11.1　基本结论

本书主题为河南省水资源与社会经济发展交互问题研究。在河南省水资源极度缺乏,水资源的区域分布、用水量的区域分配也并不对称的背景下,结合河南省经济社会条件,利用历年《河南省统计年鉴》和《河南省水资源公报》对河南省水资源承载力、水资源与社会经济发展协调度、水资源与产业结构优化、用水结构与效率演变及其驱动因素、水资源消耗配置、水污染总量分配等问题进行研究。

本书基本结论如下:①河南省各城市水资源承载力不容乐观,很多地市水环境几乎无容量。相对于全国平均水平而言,河南省大多数地级市属于高开发利用且不协调地区。河南省区域内经济发展不平衡,水资源对经济增长和产业结构具有约束性,产业结构优化促进了用水结构优化,也促进了用水效率的优化。河南省作为农业大省和人口大省,其农业发展方式、农业节水灌溉、产业结构调整、城镇化等社会经济发展对用水结构演变影响较大。水资源在工农业两部门间的结构性短缺是河南省经济转型中面临的主要问题之一。现有水体污染和水环境恶化已经成为制约河南省经济社会可持续发展的重要因素,对工业、工业生产都存在负面影响,在今后的水资源规划和水污染总量分配中,应考虑结合各地水资源禀赋情况和经济发展特点,因地制宜,综合考虑公平和效率,分配水污染物总量,并建立适合本地优势的特色产业。②针对这些问题,提出在水资源管理政策中,应充分发挥水资源市场作用,执行最严格的水资源管理制度安排和提高用水效率的对策。

11.2　研究展望

本部分的后续研究展望主要集中在以下两个方面：

一、推进河南省水生态文明制度建设的探讨

为了贯彻落实党的十八大精神，加快推进水生态文明建设工作，水利部于 2013 年 1 月印发了《关于加快推进水生态文明建设工作的意见》，明确水生态文明建设的指导思想是以科学发展观为指导，全面贯彻党的十八大关于生态文明建设的战略部署，提出把生态文明理念融入水资源开发、利用、治理、配置、节约、保护的各方面和水利规划、建设、管理的各环节，加快推进水生态文明建设工作。在水生态文明理念基础上，水利部明确提出了水生态文明建设的五大目标：①严格水资源管理制度有效落实，"三条红线"和"四项制度"全面建立；②节水型社会基本建成，用水总量得到有效控制，用水效率和效益显著提高；③科学合理的水资源配置格局基本形成，防洪保安能力、供水保障能力、水资源承载力显著增强；④水资源保护与河流健康保障体系基本形成；⑤水资源管理与保护体制基本理顺，水生态文明理念深入人心。如何在传统水利工作基础上，探讨人水和谐的水生态文明建设及推进水生态文明制度建设，把水生态文明政策落地，是河南省生态文明建设的基础性工作，也是本书后续研究工作之一。

二、构建河南省水资源——社会经济耦合复杂系统的探讨

河南省水资源与社会经济发展交互问题是一个复杂的问题，在社会经济发展影响视角下对河南省水资源消耗配置、水资源利用及结构等问题进行研究，问题比较复杂，涉及水资源的流域分配问题、水生态和水环境问题。水资源与经济、社会、生态、环境

构成了一个极其复杂与交互变化的复杂大系统,水资源是其中最为敏感的控制性因素。随着时间的推移,该系统变化的随机性和复杂程度将不断增加,这对流域与区域中长期的水资源合理配置和科学规划提出了极大的挑战。因此,基于水资源复杂系统的作用机理与特点,构建水资源——社会经济耦合复杂系统就成了当下水资源问题研究的热点和重点。而如何构建可清晰诊断水资源问题并有利于快速做出水资源科学管理决策的水资源承载力、水资源及社会经济系统耦合及水资源配置优化的模型,满足河南省水资源规划和水资源配置优化问题的研究需求,以及满足河南省所涉及不同流域和区域适应性水资源管理的迫切需求,从而有利于更好地辨识问题、找准目标、科学决策,提高河南省科学管理水资源的效率和水平,就成了下一步研究的焦点。由于精力和时间限制,本书并未就这一部分展开,有待下一步继续研究。

参考文献

[1]Ahmand S,Simonovic S P. Spatial system dynamic:New approach for simulation of water resource system[J]. Journal of Computing in Civil Engineering,2004, 18(4):331—30.

[2]Cardwell. H. ,Ells. H. Stochastic dynamic programming models for water quality management[J]. Water Resource Research,1993,29(4):803—813.

[3]Casteletti A,Pianosi F,Soncini-Sessa R. Integration,participation and optimal control in water resources planning and management[J]. Applied Mathematics and Computation,2008, 206 (1):21—23.

[4]Chih seng Lee,Ching gung Wen. Applicaion of multi-objective programming to water quality management in a rive basin [J]. Journal of Environment Management,1996(47):11—26.

[5]Druckman A,Jackson T. Measuring resource inequalities:The concepts and methodology for an area-based Gini coefficient[J]. Ecological Economics,2008,65 (2):242—252.

[6]Ellis. J. H. Stochastic water quality optimization using in bedded chance constrains[J]. Water Resources Research, 1987 (2):2227—2238.

[7]Fujiwara O,Gnanendran S K,Ohgaki S. River quality management under stochastic stream flow[J]. Environment Energy,1986,112(2):185—198.

[8]Henning Schroll,Jan Anderson,Bente Kjargard. Carring Capacity:An Approach to Local Spatial Planning in Indonesia,

The Journal of Transdisciplinary Environmental Studies vol. 11, No. 1,2012.

[9]Hutchison GE. Conclueling remarks. Cold Spring Harbor Symposia on Quantitative Biology, 1957, 22(2):415—427. Retrieved,2007—07—24.

[10]J. Golley, Regional Patterns of Industrial Development during China's Economic Transition, Economics of Transition, 2002,10(3):761—801.

[11]K Ling C L, Zhao J H. On the long-run efficiency of auctioned vs. freepermits[J]. Economics Letters,2000,69(2): 235—238.

[12]Kenneth Arrow, Bert Bolin, Robert Costanza, Partha Dasgupta,Carl Folke,etc. Economic Growth,Carrying Capacity, and the Environment[J],Science,Vol. 268,28 Appril 1995.

[13]Liu Y Q,Gupta H,Springer E, et al. Linking science with environmental decision making:Experiences from an integrated modeling approach to supporting sustainable water resources management[J]. Environmental Modelling & Software, 2008,23(7):846—858.

[14]Mahjouri N,Ardestani M. A game theoretic appraoach for interbasin water resources allocation considering the water quality issues[J]. Environmental Monitoring and Assessment, 2010(167):527—544.

[15]Maqsood M,Huang G H,Yeomans J S. An interval-parameter fuzzy two-stage stochastic program for water resource management under uncertainty[J]. European Journal of Operational Research,2005,167(1):208—225.

[16]Merabtene T. Kawamura A,Jimno K,et al. Risk assessment for optimal drought management of an integrated water resources system using a genetic algorithm [J]. Hydrological

Processes，2002，16(11):2189—2208.

[17]Ronald Chadderton，Irene Kropp. An evaluation of eight waste-load allocation methods[J]. Water Resources Buletin，1985，21(5):833—839.

[18]Rowan Roberts，Nicole Mitchell and Justin Douglas，Water and Australia's future economic growth，Economic Roundup，Summer，53—69.

[19]Saboohi Y. An evaluation of the impact of reducing energy subsidies on living expenses of households[J]. Energy Policy，2001，29(3):245—252.

[20]Thomann R V，Sobel M. S. Estuarine. Water quality management and forecasting[J]. Journal of Sanitary Engineering Division，1964，89(5):9—36.

[21]Wang Jin F，Guo D Chen，et al. Optimal Water Resource Allocation in Arid and Semi—Arid Areas，Water Resources Management，2008，22(2):239—258.

[22]William E R. Ecological footprint and appropriated carrying capacity: what urban economic leaves out? [J]. Environ Urban，1992，4:121—130.

[23]Yen J H，Chen Y. Allocation strategy analysis of water resources in South Taiwan[J]. Water Resources Managemtn，2001，15(5):283—297.

[24]Yilmaz B，Harmancioglu N B. An Indicator Based Assessment for Water Resources Management in Gediz River Basin，Turkey[J]. Water Resources Management，2010，24 (15):4359—4379.

[25]鲍文,陈国阶. 基于水资源的四川生态安全基尼系数分析[J]. 中国人口·资源与环境,2008(4):35—37.

[26]卜庆才,陆钟武. 中水回用对钢铁工业水资源效率的影响[J]. 冶金能源,2004(2):46—48.

[27]蔡继,董增川,陈康宁.产业结构调整与水资源可持续利用的耦合性分析[J].水利经济,2007(9):43—45.

[28]畅建霞,黄强.基于耗散结构理论和灰色关联熵的水资源系统演化方向判别模型[J].水利学报,2002(11):107—112.

[29]陈崇德,黄永金.漳河水库灌区水资源配置模型效果评价及风险分析[J].南昌工程学院学报,2010(3):65—68.

[30]陈南祥,王延辉.基于熵权的水资源可持续承载力模糊综合评价[J].人民黄河,2007(10):44—46.

[31]陈南祥.基于博弈论组合赋权的流域水资源承载力集对分析[J].灌溉排水学报,2013(4):81—85.

[32]陈守煜,黄宪成,李登峰.大连市水资源利用与宏观经济协调发展规划多目标群决策模型与方法[J].水利学报,2003(3):42—50.

[33]陈雯,王湘萍.我国工业行业的技术进步、结构变迁与水资源消耗——基于LMDI方法的实证分析[J].湖南大学学报,2011(3):68—72.

[34]崔志清,董增川.基于水资源约束的产业结构调整模型研究[J].南水北调与水利科技,2008(4):60—63.

[35]邓晓军,杨琳,吴春玲等.广西水资源与社会经济发展协调度评价[J].中国农村水利水电,2013(3):14—18.

[36]董林,陈璇璇.城市可持续发展的水资源约束分析[J].水利科技与经济,2006(8):525—527.

[37]范晓秋.水资源生态足迹研究与应用[D].河海大学,2005.

[38]方国华,罗乾,黄显峰等.基于生态足迹模型的区域水资源生态承载力研究[J].水电能源科学,2011(10):12—14.

[39]方国华,朱庆元,徐丽娜,谈为雄.江苏省供水业投入产出表的建立[J].水利经济,2003(3):42—46.

[40]方秦华,张珞平,王佩尔.象山港海域环境容量的二步分配法[J].厦门大学学报(自然科学版),2004(43)增刊:217—220.

[41]冯宝平,张展羽,贾仁辅.区域水资源可持续利用机理分析[J].水利学报,2006(1):16—20.

[42]冯耀龙,练继建,王宏江,殷会娟.用水资源承载力分析跨流域调水的合理性[J].天津大学学报,2004(7):595—599.

[43]傅湘,纪昌明.区域水资源承载能力综合评价——主成分分析法的应用[J].长江流域资源与环境,1995(5):168—172.

[44]高桂芝,刘俊良,田智勇,刘兴坡.城市水资源利用与城市化的关系[J].中国给水排水.2002(2):32—34.

[45]谷国锋,袁孝亭.科技创新:区域经济发展的第一动力[J].经济纵横,2003(1):50—54.

[46]顾文权,邵东国,黄显峰等.水资源优化配置多目标风险分析方法研究[J].水利学报,2008(3):339—345.

[47]关伟.区域水资源与经济社会耦合系统可持续发展的量化分析[J].地理研究,2007(7):685—692.

[48]郭广颖.河南省高效节水灌溉发展思路初探[J].河南水利与南水北调,2012(7):60—62.

[49]郭潇.跨流域调水生态环境影响评价研究[M].北京:中国水利水电出版社,2010.

[50]韩宇平,阮本清.区域水安全评价指标体系初步研究[J].环境科学学报,2003(2):267—272.

[51]郝寿义.区域经济学原理[M].上海:格致出版社,2007.

[52]郝彦喜,郑晓东,黄天源等.洛伦茨曲线和基尼系数在林业上的应用[J].防护林科技,2011(3):19—20.

[53]和夏冰,王媛,张宏伟,王文琴,王丽丽.我国行业水资源消耗的关联度分析[J].中国环境科学,2012(4):762—768.

[54]河南省水利编纂委员会.河南省水资源[M].郑州:黄河水利出版社,2007.

[55]胡炳清.总量控制中的离散规划[M].北京:中国环境科学出版社,2000.

[56]胡德胜.英国的水资源法和生态环境用水保护[J].中国

水利,2010(5):51—54.

[57]黄和平.基于多角度基尼系数的江西省资源环境公平性研究[J].生态学报,2012(10):6432—6439.

[58]黄林楠,张伟新,姜翠玲等.水资源生态足迹计算方法[J].生态学报,2008(3):1279—1286.

[59]黄显峰,邵东国,顾文权等.基于多目标混沌优化算法的水资源配置研究[J].水利学报,2008(2):183—188.

[60]贾绍凤,张士峰,杨红等.工业用水与经济发展的关系——用水库兹涅茨曲线[J].自然资源学报,2004(3):279—284.

[61]蒋桂芹,于福亮,赵勇.区域产业结构与用水结构协调度评价与调控——以安徽省为例[J],水利水电技术,2012(6):8—11.

[62]蒋振声,周英章.经济增长中的产业结构变动效应:中国的实证分析与政策含义[J].财经论丛,2002(5):1—6.

[63]焦士兴,王腊春,李静,杨顺喜等.基于生态位及其熵值模型的用水结构研究——以河南省安阳市为例[J].资源科学,2011(12):2248—2254.

[64]兰岚,许银山,梅亚东.水资源配置研究热点与展望[J].中国农村水利水电,2012(3):73—78.

[65]黎枫,陈亚宁,李卫红,孟丽红.基于熵权的集对分析法在水资源可持续利用评价中的应用[J].冰川冻土,2010(8):723—729.

[66]李德一,张树文.黑龙江省水资源与社会经济发展协调度评价[J].干旱区资源与环境,2010(4):8—11.

[67]李昊,南灵.基于环境基尼系数的流域排污权初始分配[J].人民黄河,2014(5):56—59.

[68]李世祥,成金华,吴巧生.中国水资源利用效率区域差异分析[J].中国人口·资源与环境,2008(3):215—220.

[69]李四林.水资源危机——政府治理模式研究[M].武汉:中国地质大学出版社,2012.

[70]李周,包晓斌.资源库兹涅茨曲线的探索:以水资源为例[R].中国农村发展研究报告,2009,No.6.

[71]李自珍,赵松岭,张鹏云.生态位适宜度理论及其在作物生长系统中的应用[J].兰州大学学报(自然科学版),1993(4):219—224.

[72]廖重斌.环境与经济协调发展的定量评判及其分类体系—以珠江三角洲城市群为例[J].热带地理,1999(6):171—177.

[73]林高松,李适宇,江峰.基于公平区间的污染物允许排放量分配方法[J].水利学报,2006(1):52—57.

[74]凌亢,赵旭.城市可持续发展评价指标体系与方法研究[J].中国软科学,1998(12):106—110.

[75]刘昌明,杜伟.农业水资源配置效果的计算分析[J].自然资源学报,1987(1):9—19.

[76]刘昌明,王红瑞.浅析水资源与人口、经济和社会环境的关系[J].自然资源学报,2003(9):635—644.

[77]刘恒,耿雷华,陈晓燕.区域水资源可持续利用评价指标体系的建立[J].水科学进展,2003(3):265—270.

[78]刘欢,左其亭.基于洛伦茨曲线和基尼系数的郑州市用水结构分析[J].资源科学,2014(10):2012—2019.

[79]刘慧敏,周戎星,于艳青,金菊良.我国区域用水结构与产业结构的协调评价[J].水电能源科学,2013(9):159—163.

[80]刘思峰,党耀国.灰色系统理论及其应用[M].北京:科学出版社,2010.

[81]刘天朝,何文社.集对分析法在水资源可持续利用评价中的应用[J].人民黄河,2010(1):59—60.

[82]刘燕,胡安焱,邓亚芝.基于信息熵的用水系统结构演化研究[J].西北农林科技大学学报,2006(6):141—144.

[83]刘颖,谢苗,丁勇.对基尼系数计算方法的比较与思考[J].统计与决策,2004(9):15—16.

[84]刘渝,杜江,张俊飚.湖北省农业水资源利用效率评价[J].中国人口·资源与环境,2007(6):60—65.

[85]卢超,王蕾娜,张东山,张亚雷.水资源承载力约束下小城镇经济发展的系统动力学仿真[J].资源科学,2011(8):1498—1504.

[86]鲁南,刘云华,董增川.水资源与经济社会和生态环境互动关系研究进展[J].海河水利,2004(5):8—10.

[87]马静,陈涛,申碧峰,汪党献.水资源利用国内外比较与发展趋势[J].水利水电科技进展,2007(1):6—10.

[88]梅,R.M.等著;孙儒泳译.理论生态学[M].北京:科学出版社,1980.

[89]宁维亮.山西省水资源与经济社会可持续协调发展研究[J].水利经济,2005(7):1—5.

[90]牛玉国.河南黄河经济生态用水与调度研究[M].郑州:黄河水利出版社,2011.

[91]农家,王金坑,陈克亮等.入海污染物总量分配技术研究初探[J].环境保护科学,2009(5):45—48.

[92]潘华玲.慈溪地表水环境整治研究[D].浙江师范大学,2010.

[93]彭少明,黄强,张新海,杨立彬.黄河流域水资源可持续利用多目标规划模型研究[J].河海大学学报,2007(3):153—158.

[94]钱冬.我国水资源流域行政管理体制研究[D].昆明理工大学,2007.

[95]钱骏,肖杰,蒋夏.四川省水污染物总量分配测算研究[J].西华大学学报(自然科学版),2008(6):16—18.

[96]钱文婧,贺灿飞.中国水资源利用效率区域差异及影响因素研究[J].中国人口·资源与环境,2011(2):54—60.

[97]钱翌,刘莹.中国环境管理体制研究[J].生态经济,2010(1):160—164.

[98]佘思敏,胡雨村.生态城市水资源承载力的系统动力学仿真[J],四川师范大学学报(自然科学版),2013(1):126—131.

[99]申金山,赵瑞.城市复合系统发展定量评价[J].科技进步与对策,2006(2):137—138.

[100]施雅凤.乌鲁木齐流域水资源承载力及其合理利用[M].北京:科学出版社,1992:212—213.

[101]宋旭光.资源约束与中国经济发展[J].财经问题研究,2004(11):15—20.

[102]孙成慧,薛龙义.江苏省水资源生态足迹分析[J].云南师范大学学报,2010(5):56—61.

[103]覃荔荔,王道平,周超.综合生态位适宜度在区域创新系统可持续性评价中的应用[J].系统工程理论与实践,2011(5):927—936.

[104]谭萌佳,严力蛟,李华斌.城市人居环境质量定量评价的生态位适宜度模型及其应用[J].科技通报,2007(5):439—435.

[105]田静宜,王新宜.基于熵权模糊物元模型的干旱区水资源承载力研究——以甘肃民勤县为例[J].复旦学报(自然科学版),2013(2):86—93.

[106]万伟,陈森林,潘红中,李健华.水资源生态环境与社会经济的关系研究[J].人民黄河,2007(1):53—55.

[107]汪党献,王浩,倪红珍,龙爱华.水资源与环境经济协调发展模型及其应用研究[M].北京:中国水利水电出版社,2011.

[108]汪俊启,张颖.总量控制中水污染物允许排放量公平分配研究[J].安庆师范学院学报(自然科学版),2000(8):37—40.

[109]汪恕诚.再谈人与自然和谐相处——兼论大坝与生态[J].中国水利,2004(8):4—6.

[110]汪雪格,汤洁,李昭阳等.基于洛伦茨曲线的吉林西部土地利用结构变化[J].农业现代化研究,2007(3):310—333.

[111]王福林,吴丹.基于水资源优化配置的区域产业结构动

态演化模型[J].软科学,2009(5):92—96.

[112]王刚,赵松岭,张鹏云等.关于生态位定义的探讨及生态位重叠计测公式改进的研究[J].生态学报,1984(2):119—127.

[113]王刚,赵松岭.生态位概念的讨论及生态位重叠计算研究[J].生态学报,1984(2):119—127.

[114]王建廷.区域经济发展的动力与动力机制[D].南开大学,2005.

[115]王洁方.总量控制下流域初始排污权分配的竞争性混合决策方法[J].中国人口·资源与环境,2014(5):88—93.

[116]王金南,逯元堂,周劲松等.基于GDP的中国资源环境基尼系数[J].中国环境科学,2006(1):111—115.

[117]王丽琼.基于公平性的水污染物总量分配基尼系数分析[J].生态环境,2008(5):1796—1801.

[118]王树义.流域管理体制研究[J].长江流域资源与环境,2000(4):419—423.

[119]王学渊,赵连阁.中国农业用水效率及影响因素——基于1997—2006年省区面板数据的SFA分析[J].农业经济问题,2008(3):10—19.

[120]王银平.天津市水资源系统动力学模型的研究[D].天津大学,2007.

[121]王友贞,施国庆,王德胜.区域水资源承载力评价指标体系的研究[J].自然科学学报,2005(4):597—604.

[122]王有乐.区域水污染控制多目标组合规划模型研究[J].环境科学学报,2002(1):107—110.

[123]吴丹,吴凤平.基于水资源环境综合承载力的区域产业结构优化研究[J].统计与决策,2009(22):100—102.

[124]吴琼.基于因子分析的青海省水资源承载力综合评价[J].水资源保护,2013(1):22—26.

[125]吴亚琼,赵勇,吴相林等.污染物排放总量分配的机制

设计方法研究[J].管理工程学报,2004(4):65—68.

[126]吴跃明,郎东锋.论环境—经济系统协调度[J].环境污染与防治,1997(1):20—23.

[127]夏军,张祥伟.河流水质灰色非线性规划的理论与应用[J].水利学报,1993(12):1—9.

[128]萧木华.加强流域管理加快流域立法[J].中国水利,1999(9):37—38.

[129]肖华伟,秦大庸,李玮等.基于基尼系数的湖泊流域分区水污染总量分配[J].环境科学学报,2009(8):1765—1771.

[130]徐华君,徐百福.污染物允许排放总量的公平协调思路与方法[J].新疆大学学报,1996(3):86—89.

[131]徐现祥,李郇.市场一体化与区域协调发展[J].经济研究,2005(12):57—67.

[132]许有鹏.干旱区水资源承载力综合评价研究:以新疆和和田流域为例[J].自然资源学报,1993(3):229—237.

[133]杨士弘,廖重斌.关于环境与经济协调发展研究方法的探讨[J].广东环境监测,1996(2):47—50.

[134]叶厚元,冯静.中部地区水资源与区域经济的协调发展[J].水利科技与经济,2006(9):623—625.

[135]游德才.国内外对经济环境协调发展研究进展:文献综述[J].上海经济研究,2008(6):3—13

[136]于淑娟,赵志江.基于水资源承载力的经济发展模式研究[J].水利发展研究,2007(12):28—31.

[137]余建星,蒋旭光,练继建.水资源优化配置方案综合评价的模糊熵模型[J].水利学报,2009(6):729—735.

[138]袁少军,王如松,胡聃,孙江.城市产业结构偏水度评价方法研究[J].水利学报,2004(10):43—47.

[139]岳刚,吕焰.抚顺市水污染物总量分配探讨[J].辽宁城乡环境科技,2007(4):41—49.

[140]曾珍香.可持续发展的系统分析与评价[M].北京:科

学出版社,2000.

[141]张昌顺,谢高地,鲁春霞.中国水环境容量紧缺度与区域功能的相互作用[J].资源科学,2009(4):559—565.

[142]张丽,董增川,张伟.水资源可持续承载能力概念及研究思路探讨[J].水利学报,2003(10):108—113.

[143]张文国,杨志峰,伊锋,王煊,李其军.区域经济发展模式与水资源可持续利用研究[J].中国软科学,2002(9):87—92.

[144]张雪花,郭怀成,张宝安.系统动力学——多目标规划模型在秦皇岛市水资源规划中的应用[J].水科学进展,2002(3):351—357.

[145]赵奥,武春友.中国水资源消耗配置的灰色关联度与适宜度测算[J].中国人口·资源与环境,2010(9):65—69.

[146]赵建世,王忠静,翁文斌.水资源复杂适应配置系统的理论与模型[J].地理学报,2002(6):639—647.

[147]赵建世.水资源系统的复杂性理论方法与应用[M].北京:清华大学出版社,2008.

[148]赵亮.水资源消耗与经济增长的相关性分析[J].价格理论与实践,2009(2):44—45.

[149]郑慧娟.石羊河流域水资源—经济社会协调发展的SD模型与前景预测[D].甘肃农业大学,2005.

[150]朱启荣.中国工业用水效率与节水潜力实证研究[J].工业技术经济,2007(9):48—51.

[151]祝世京,陈珽.基于神经网络的多目标综合评价[J].系统工程理论与实践,1994(6):74—80.